101 Hundetricks

Kyra Sundance und Chalcy

101 Hundetricks

Übersetzt aus dem Englischen
von Claudia Händel

Mit 628 Fotos von Nick Saglimbeni

Ulmer

101 Dog Tricks © 2007 by Quarry Books

Bibliografische Information der Deutschen Nationalbibliothek
Die Deutsche Nationalbibliothek verzeichnet diese Publikation in der
Deutschen Nationalbibliografie; detaillierte bibliografische Daten sind im
Internet über http://dnb.d-nb.de abrufbar.

© 2009 Eugen Ulmer KG
Wollgrasweg 41, 70599 Stuttgart (Hohenheim)
E-Mail: info@ulmer.de
Internet: www.ulmer.de
Lektorat: Heike Schmidt-Röger, Antje Springorum
Herstellung: Gabriele Wieczorek
Umschlagentwurf: red.sign, Anette Vogt, Stuttgart
Bildquellen: Alle Fotos bis auf die folgenden stammen von
Nick Saglimbeni/www.slickforce.com
Kyra Sundance: S. 10, 11, 12, 13, 20, 21, 34, 50, 84, 104, 106,
142, 159, 178, 208.
DTP: Satz+Layout Fruth GmbH, München
Printed in Singapore

ISBN 978-3-8001-5845-4

www.101dogtricks.com

Er ist dein Freund, dein Partner, dein Für-
sprecher, dein Hund. Du bist sein Leben,
seine Liebe, sein Wegweiser. Er ist dir ganz
ergeben, treu und wahrhaftig, bis zum
letzten Atemzug. Du bist es ihm schuldig,
seiner Ergebenheit würdig zu sein.

Anonym

Inhalt

Vorwort

von Bill Langworthy

Ich traf Kyra und Chalcy das erste Mal, als ich eine Tiertalent-Show für das Fernsehen produzierte. Einer der Buchungsleute verkündete, dass sie einen Hund gefunden hätte, der lesen konnte! In all den Jahren, in denen ich mit Tiertricks gearbeitet hatte, zunächst als Trickkoordinator für David Lettermans „Stupid Pet Tricks", dann als Produzent von Animal Planet's „Pet Star", hatte ich schon mit einigen klugen Tieren zu tun gehabt, aber ich hatte so das Gefühl, dass es diesmal etwas Besonderes war. Und tatsächlich – Kyra und Chalcy gewannen prompt die Show, kamen ins Finale und gewannen die Meisterschaften!

Zwei Dinge sind mir in Erinnerung geblieben, wenn ich an Kyra und Chalcy denke: erstens ihr strahlendes Lächeln; zweitens, dass sie alles gemeinsam machten. Vor der Kamera konzentrieren sich manche Leute nur auf sich selbst und vergessen dabei, dass sie nur die eine Hälfte des Teams sind. Aber von der ersten Probe bis zur Endrunde machten Kyra und Chalcy alles zusammen. Als mich Kyra anrief und sagte, „Chalcy und ich schreiben ein Buch", war ich nicht sonderlich überrascht – meine einzige Gegenfrage lautete „Und wer von euch beiden tippt?"

101 Hundetricks handelt genau davon – von Teamarbeit. Kyra und Chalcy arbeiten dabei nur mit Motivation und positiver Verstärkung, damit Tricktraining Spaß macht und nicht zur lästigen Pflicht verkommt. Alle Tricks sind so aufgebaut, dass sie ganz bestimmte, geistige wie körperliche, Fähigkeiten Ihres Hundes fördern und dabei gleichzeitig Vertrauen und Freundschaft zwischen Ihnen und Ihrem besten Freund stärken.

Kyra und Chalcy kennen jeden einzelnen Trick dieses Buches. Soll heißen, sie haben sämtliche 101 Tricks geübt und vorgeführt, so dass **101 Hundetricks** voller Ratschläge aus erster Hand steckt. Kyra wie Chalcy beherrschen gleichermaßen Tricks für Geist und Körper, daher wird dieses Buch eine wahre Fundgrube für Sie sein, angefangen damit, wie man dem Hund das Zählen beibringt bis hin zum Basketballspielen. Die Anleitungen sind anschaulich bebildert und leicht zu befolgen, es wurde kein Detail weggelassen. Jeder Tricktrainer sollte dieses unvergleichliche Buch in der Tasche haben, ob Sie nun sich selbst, Ihre Freunde oder ein großes Publikum oder, wie Kyra und Chalcy, ein landesweites Fernsehpublikum unterhalten möchten.

Kyra Sundance und Chalcy sind über die Maßen befähigt, das ultimative Buch über Tricktraining zu schreiben. Alle Tricktrainer dürfen sich glücklich schätzen, dass Kyra und Chalcy sich trotz ihres vollen Terminkalenders Zeit genommen haben, um sie in ihre Geheimnisse einzuweihen. Genießen Sie dieses Buch und gehen Sie danach nach Draußen zum Spielen. Wie Kyra und Chalcy zu sagen pflegen: „Do More With Your Dog!©" („Mach' mehr mit Deinem Hund!").

Bill Langworthy war viele Jahre lang Tiertrickkoordinator für die Late Show mit David Letterman sowie Autor und Koproduzent von Animal Planet's „Pet Star" Talentwettbewerb.

Anmerkung des Autors

„Siehst Du?" sagte ich, „Chalcy verpasst immer den Slalomeingang." – „Du hättest ihr erst die Zwei-Stangen-Methode beibringen sollen", riet die Agility-Bundestrainerin. „Hunde, die zuerst die Zwei-Stangen-Methode gelernt haben, verpassen niemals den richtigen Eingang." „Nein, so haben wir das nicht gelernt", gab ich zu. „Wir haben eine andere Methode gelernt. Also das ist unser aktueller Stand jetzt. Wie kriegen wir das richtig hin?" fragte ich. Die Trainerin schüttelte nur den Kopf. „Dafür ist es jetzt zu spät", sagte sie im Weggehen.

Diese Trainerin war der Ansicht, dass ich meine Verluste gering halten sollte, da ich durch Anwendung der falschen Trainingsmethode meinen Hund verdorben hatte und dass ich mit einem neuen Agility-Hund einen neuen Anfang machen sollte. Mit anderen Worten: Verplempere deine Zeit nicht damit, etwas zu reparieren, wenn du es neuer, schöner und noch dazu billiger bekommen kannst!

Überflüssig zu sagen – ich habe Chalcy natürlich nicht aufgegeben. Ich weiß gar nicht, wo ich anfangen soll, um all die Trainingsfehler aufzuzählen, die ich im Laufe der Jahre mit ihr gemacht habe. Ich habe ihr die falschen Dinge beigebracht, die falschen Methoden angewandt und falsch auf sie reagiert. Sicher, in unserem Training habe ich Mist gebaut, aber wir haben es hinbekommen! Wir haben noch einmal von vorn angefangen und Dinge und Regeln neu erlernt. Dieser Weg ist steiniger, keine Frage, aber sicherlich machbar. Ich erwarte von meinem Hund nicht, dass er ein Automat ist, ebenso wenig wie ich einer bin. Wir versuchen, wir lernen, wir scheitern, wir haben Erfolg. Wir arbeiten zusammen und wir geben uns gegenseitig immer wieder eine neue Chance. Wir verpassen immer noch den einen oder anderen Slalomeinlauf, aber wir verpassen niemals die Gelegenheit, es nochmals zu versuchen!

Ob Ihr Hund jung oder alt, sportlich oder faul, ein helles Köpfchen oder dumm wie Bohnenstroh ist, er ist **Ihr** Hund, sein Erfolg bemisst sich nur in **Ihren** Augen.

Ich hoffe, dieses Buch ist Ansporn für Sie, Ihrem Hund nicht nur Tricks beizubringen, sondern „Do More With Your Dog!©"

Kyra Sundance und Chalcy

Einleitung

Rover weiß, wann Sie verreisen möchten. Fido hört das Wort „Bad" oder „Tierarzt" und geht unter dem Bett in Deckung. Spot kriegt mit, wenn Sie einen harten Tag hatten und legt seinen Kopf auf Ihren Schoß und Buster stupst Sie am Arm, während Sie auf dem Sofa sitzen und versuchen, sich zu einem Spaziergang aufzuraffen. Diese Beispiele einer Mensch-Hund-Kommunikation sind ein Beweis für die familiäre Beziehung, die wir mit unseren Hunden unterhalten. Diese Beziehung wie auch jede andere Beziehung in unserem Leben muss gepflegt werden, damit sie lebendig bleibt und gedeiht.

Tricktraining ist ein Weg, auf dieser Beziehung aufzubauen, Verständigungsmethoden, Vertrauen und gegenseitigen Respekt zu erarbeiten. Es ist ein Weg, eine innige Beziehung zu Ihrem Hund einzugehen, während Sie gemeinsame Ziele anstreben und sich an Ihren Erfolgen freuen. Es vertieft die durch häufiges Üben entstandene gegenseitige Verständigung.

Wenn Sie jemals versucht haben, jemandem, der eine andere Sprache spricht, etwas mitzuteilen, haben Sie wahrscheinlich eine Mischung aus Pantomime, Bildzeichen, Geräuschimitation und anderen Mitteln, die auf jeden Außenstehenden urkomisch wirken müssen, angewandt. Wenn die Mitteilung dann aber ankommt... „Ahhh! Ziegenkäsepizza!" ... dann entsteht da ein Gefühl gegenseitigen Erfolgs und gegenseitiger Beziehung. Dieselbe Freude und Beziehung kann zwischen Ihnen und Ihrem Hund entstehen, wenn Sie gemeinsam an Hundetricks arbeiten!

Tricktraining ist mehr als nur das Beibringen von netten Partytricks zur Unterhaltung Ihrer Freunde. Tricktraining ist eine großartige Gelegenheit, besser zu verstehen, wie Ihr Hund denkt und dass Ihr Hund Ihre Zeichen besser versteht. Das durch diesen Lernprozess gewonnene Vertrauen und der Teamgeist bleiben Ihnen ein Leben lang erhalten.

Wie benutze ich dieses Buch?

Fangen Sie irgendwo an! Jeder Trick hat einen bestimmten Schwierigkeitsgrad und erfordert bestimmte Voraussetzungen. Sie können innerhalb einer Übungseinheit an mehreren neuen Tricks arbeiten. Vielleicht machen Sie sich auch eine Liste sämtlicher Tricks, an denen Sie mit Ihrem Hund während einer Übungseinheit arbeiten möchten. Positive Bestätigung ist ein fortlaufender Prozess und nur weil Ihr Hund einen Trick beherrscht, heißt das noch lange nicht, dass Sie nicht mehr üben sollen!

Kann jeder Hund Tricks lernen?

Aber sicher doch! Sie werden feststellen, dass Ihr Hund, je mehr Tricks er kann, neue Tricks umso schneller begreifen wird. In gewissem Sinne bringen Sie Ihrem Hund bei, wie man lernt.

Signale, Handlung, Belohnung

Das Beibringen eines Tricks besteht aus drei Teilen: erstens, dem Hör- oder Sichtzeichen für Ihren Hund, das das gewünschte Verhalten signalisiert. Zweitens der Handlung, die Ihr Hund ausführt und drittens der Belohnung. Versuchen Sie nicht, Ihren Hund zu bestechen, indem Sie ihm die Belohnung anbieten, bevor er etwas getan hat. Erwarten Sie auch nicht, dass Ihr Hund eine Handlung ausführt, bevor Sie ihm ein Zeichen gegeben haben.

Ihre Aufgabe als Trainer

Ihre Aufgabe als Trainer besteht darin, Ihren Hund in einer konsequenten und motivierenden Atmosphäre anzuleiten.

Anleitung
Führen Sie Ihren Hund durch den Ablauf eines neuen Verhaltens und belohnen Sie dabei auch kleinste Schritte. Das Ziel einer jeden Übungseinheit ist es, bessere Ergebnisse als beim letzten Mal zu erzielen.

Konsequenz
Sie wissen genau, welches Verhalten Sie wollen, also seien Sie eindeutig. Verwenden Sie jedes Mal dieselbe Stimme und denselben Tonfall, wenn Sie ein Hörzeichen geben, und sprechen Sie deutlich.

Motivation
Stellen Sie sich einen Sporttrainer vor. Besteht seine Aufgabe nur darin, den Trainingsplan aufzustellen und ihn an die Tür vom Umkleideraum zu hängen? Nein! Er inspiriert, motiviert und ermutigt! Er ist optimistisch, wenn Sie niedergeschlagen sind und schlägt Ihnen genau dann mit einem „Super gemacht!" auf die Schulter, wenn Sie es brauchen. Genau denselben Zweck erfüllen Sie für Ihren Hund. Jedes bisschen Begeisterung, das Sie in Ihr Training stecken, beschleunigt das Lernen Ihres Hundes. Und wenn Ihr Hund etwas richtig macht, bringen Sie Ihre „Freu-Stimme" in den höchsten Tönen (ja, meine Herren, auch Sie können diesen Tonfall!) zum Einsatz, um Ihr Entzücken auszudrücken!

Der richtige Zeitpunkt

Stellen Sie sich vor, Sie suchen etwas und bekommen dabei nur die Rückmeldung „heiß" oder „kalt". Stellen Sie sich weiter vor, diese Rückmeldung kommt verspätet. Das heißt, Sie erhalten die Rückmeldung „kalt", während Sie sich dem Gesuchten nähern oder umgekehrt. Sie finden nicht nur den Gegenstand nicht, sondern sind frustriert über die Inkonsequenz der Rückmeldung. Wie viel leichter wäre diese Aufgabe, würde die Rückmeldung zum richtigen Zeitpunkt erfolgen.

Beim Tricktraining ist es ein absolutes Muss, den genauen Moment, in dem Ihr Hund das richtige Verhalten zeigt, zu kennzeichnen (mit einem Wort, einem Leckerchen oder dem Clicker). Belohnen Sie nicht erst 10 Sekunden später, sonst belohnen Sie womöglich ein ganz anderes Verhalten.

Ein häufiger Fehler bei der Wahl des richtigen Zeitpunkts ist, dass zu spät belohnt wird. Sie geben Ihrem Hund beispielsweise das Kommando Sitz und er befolgt es. Sie suchen nach einem Leckerchen in

Ihrer Tasche und er steht auf, um es in Empfang zu nehmen. Was haben Sie jetzt belohnt? Sie haben ihn dafür belohnt, dass er aufgestanden ist! Das Leckerchen hätte gegeben werden sollen, als Ihr Hund sich in der richtigen Position befand – im Sitz. Belohnen Sie Ihren Hund immer dann, wenn er sich in der richtigen Position befindet.

Motivation/Belohnungen

„Sollte mein Hund die Tricks eigentlich nicht lernen wollen, nur um mir zu gefallen?" In der Regel möchten Hunde Ihrem Besitzer tatsächlich gefallen – aber Lernen ist schwierig! Würden Sie von Ihrem Kind erwarten, dass es seine Hausaufgaben jeden Abend macht, nur um Ihnen zu gefallen? Vielleicht ja, aber eine Belohnung macht das Ganze doch wesentlich interessanter ... ob es nun eine halbe Stunde Fernsehen ist oder ein schmackhaftes kleines Stück Leber!

Eine Belohnung kann unterschiedlich ausfallen – ein Futterstückchen, ein Lieblingsspielzeug, ein Clickergeräusch, oder ein Lob. Im vorliegenden Buch wird überwiegend mit Leckerchen gearbeitet. Alle Hunde lieben Futter, es kann schnell gegeben und geschluckt werden und zeigt deutlich, dass die Reaktion des Hundes richtig war. Motivieren Sie Ihren Hund, wenn Sie einen neuen Trick einüben, noch zusätzlich, indem Sie „Menschenfutter" als Leckerchen verteilen, zum Beispiel Würstchen, Käse, Nudeln oder was auch immer Ihrem Hund das Maul wässrig macht! Im Anfangsstadium des Lernens kann ein Spielzeug eine Ablenkung sein, da Sie eine Weile brauchen, bis Sie es zurücknehmen und Ihr Hund wieder konzentriert ist. Lob ist großartig, kann aber willkürlich und undeutlich ausfallen ... „Gut! Nein, wart', Du hast Dich bewegt, irgendwie ...". Verwenden Sie kleine, aber schmackhafte Leckerchen zur Belohnung von erwünschtem Verhalten.

Neulinge im Hundetraining geizen immer mit Belohnungen. Sie versuchen, mit Lob oder normalem Trockenfutter zu belohnen. Tricktraining hängt jedoch von der Motivation des Hundes ab und Sie möchten, dass dem Hund Tricktraining mehr Spaß macht als alles andere, was er tagsüber so tut! Also dann – geben Sie ihm das leckere Zeug!

Wer mit der Methode des Clickertrainings vertraut ist, kann ein Clickersignal zur Kennzeichnung des korrekten Verhaltens einsetzen und danach ein Leckerchen geben.

Muss ich jetzt den Rest meines Lebens Leckerchen mit mir herumtragen?

Bevor Sie sich Gedanken darüber machen, wann Sie keine Leckerchen mehr herumtragen müssen, muss das Verhalten zu einer automatischen Reaktion werden. Es ist egal, wie Sie das erreichen – wenn Sie Ihrem Hund 500 Mal sagen „Sitz" und er sitzt, wird dies zu einer automatischen Reaktion. Die ersten 500 Mal ging er ins Sitz, weil Sie ihn mit einem Leckerchen belohnten. Später jedoch nimmt sein Muskelgedächtnis nur das Wort „Sitz" wahr und führt das Kommando automatisch aus! An diesem Punkt können Sie Ihren Hund allmählich von den Leckerchen entwöhnen. Geben Sie

Ihrem Hund immer wieder mal ein Leckerchen, anstatt sie ihm völlig abzugewöhnen.

Den Einsatz erhöhen

Der Sinn eines Leckerchens liegt darin, eine gute Leistung zu belohnen. Im Kindergarten bekommt ein Kind einen goldenen Stern, wenn es seinen Namen in Druckbuchstaben schreiben kann. In der ersten Klasse bekommt es diesen Stern nur dann, wenn es den Namen sauber schreibt und in der zweiten Klasse muss es den Namen in Schreibschrift schreiben, wenn es den Stern bekommen will. Wofür Ihr Hund früher ein Leckerchen erhielt, kann inzwischen nicht mehr ausreichend sein, um eins zu bekommen. Wir nennen dies „den Einsatz erhöhen". Wenn Sie Pfote geben einüben, belohnen Sie Ihren Hund anfangs, wenn er seine Pfote nur ein ganz klein wenig anhebt oder nach Ihrer Hand pfötelt. Hat er das einmal begriffen, gibt es erst dann ein Leckerchen, wenn er seine Pfote höher oder länger hochhält. Jedes Mal, wenn Ihr Hund einen Lernschritt zu 75 % erfolgreich bewältigt hat, erhöhen Sie den Einsatz und verlangen Sie etwas mehr, damit er seine Belohnung erhält.

Jackpot

Wir alle wissen um die Anziehungskraft eines Hauptgewinns. Haben wir einmal gewonnen, füllen wir immer wieder einen Lottoschein aus in der Hoffnung, diesen nahezu unerreichbaren Preis zu gewinnen. Die Volltreffer-Theorie, auf das Hundetraining übertragen, kann unter Umständen eine bessere Motivation als regelmäßige Belohnungen sein. Und so geht's: Fordern Sie Ihren Hund auf, ein Verhalten auszuführen, an dem er gerade arbeitet. Führt er es einigermaßen gut aus, geben Sie ihm keine Belohnung oder nur eine kleine. Führt er ein Verhalten sehr gut oder besser als in der Vergangenheit aus, Volltreffer! Geben Sie ihm eine ganze Handvoll Leckerchen! Das wird ihn mächtig beeindrucken! Er wird sich besonders anstrengen, in der Hoffnung, diesen Volltreffer noch einmal zu erreichen.

Nach demselben Schema können Sie unterschiedliche Leckerchen während einer Übungseinheit einsetzen, damit Ihr Hund motiviert bleibt – „vielleicht kriege ich ja heute diese tollen Würstchen!"

Unterstützen sie ihren Hund, erfolgreich zu sein

Der Schlüssel dafür, dass Ihr Hund motiviert bleibt, liegt darin, ihn zu regelmäßigem Erfolg anzuspornen. Versuchen Sie, dass Ihr Hund niemals mehr als zwei oder drei Mal hintereinander erfolglos bleibt, da er ansonsten entmutigt wird oder nicht mehr mitmachen will. Machen Sie stattdessen eine Zeitlang mit einer einfacheren, leichteren Übung weiter.

Der Zeitaufwand lohnt sich

Wenn Sie einen neuen Trick einüben, hat es oft den Anschein, als ob Ihr Hund ihn nicht begreift und keine Ahnung hat, wie das gewünschte Verhalten sein soll. Er windet sich und pfötelt und hat nur noch Augen für das Leckerchen in Ihrer Hand. Sie denken vielleicht, dass er es nie begreifen wird. Bleiben Sie locker. Gehen Sie dieselben Übungen jeden Tag immer wieder auf's Neue durch, und eines Tages sehen Sie buchstäblich, wie Ihrem Hund ein Licht aufgeht. Das ist der Moment, in dem zwischen Ihnen und Ihrem Hund ein tiefes Verständnis entsteht.

Warum Menschen scheitern

Stellen Sie sich folgende Szene vor: Sie geben Ihrem Hund das Kommando sich im Kreis zu drehen, während Sie ihn, genau wie im vorliegenden Buch beschrieben, mit einem Leckerchen im Kreis locken. Ihr Hund windet sich und zwickt Sie in die Hand. Sie heben Ihre Stimme an und sagen in festerem Ton „Im Kreis drehen!" Ihr Hund kratzt sich und ignoriert Sie. Sie packen ihn am Halsband und werden laut: „Im Kreis drehen!", während Sie ihn im Kreis herum zerren. Er duckt sich, während Sie sich über Ihren dummen Hund aufregen.

Der allerhäufigste Grund, warum es Menschen nicht gelingt, Hunden Tricks beizubringen, ist fehlende Geduld. Selbst Trainer mit schlechtem Timing, schlechter Koordination und fehlendem gesundem Menschenverstand können einem Hund besser Tricks beibringen als ungeduldige Trainer.

Stellen Sie sich nun folgende Szene vor: Sie geben Ihrem Hund das Kommando sich im Kreis zu drehen, während Sie ihn, genau wie im vorliegenden Buch beschrieben, mit einem Leckerchen im Kreis locken. Ihr Hund windet sich und zwickt Sie in die Hand. Sie versuchen es erneut, locken Ihren Hund im Kreis herum, genau wie zuvor. Ihr Hund kratzt sich und ignoriert Sie. Sie versuchen es wieder und Ihr Hund führt eine schiefe Art von Kreis aus. „Ja! Super!" Sie versuchen es wieder, und wieder, und wieder, und noch ein paar hundert Mal ... und eines Tages ... klappt es! Wie glücklich sind Sie jetzt darüber, dass Sie den klügsten Hund der Welt haben?

Fortschritt kann langsam und mühselig sein – Gelassenheit und Konsequenz erfordern viel Geduld.

Aufhören, wenn's am schönsten ist!

Das Einüben eines neuen Tricks strengt Ihren Hund geistig an. Gestalten Sie das Ganze spielerisch und beenden Sie die Übung, solange Ihr Hund noch weitermachen möchte. Hören Sie auf, wenn's am schönsten ist, selbst wenn Sie dazu eine einfachere Übung machen müssen.

Locken oder körperlich einwirken

Es gibt zwei Wege, einen Hund in die gewünschte Position zu bringen: Sie können ihn mit einem Leckerchen oder Spielzeug locken oder Sie können körperlich auf ihn einwirken, weil das schneller und genauer geht. Es kann aber den Lernprozess ver-

zögern. Indem Sie körperlich auf Ihren Hund einwirken, ermutigen Sie ihn dazu, keine Initiative zu ergreifen und auf Ihre Anleitung zu warten. Er muss nicht sein Gehirn einschalten und lernt nicht die motorischen Fähigkeiten, seinen Körper selbstständig in Stellung zu bringen. Wenn irgend möglich, ist es immer besser, Ihren Hund mit Locken dazu zu bringen, die jeweilige Körperstellung selbstständig einzunehmen.

„Schade" anstatt „nein"

Tricktraining ist das Yin zum Yang des Gehorsamstrainings. Beim Tricktraining darf Ihr Hund albern sein und selbstständig handeln. Während der Übungen soll Ihr Hund hoch motiviert sein, sonst „macht er dicht" aus lauter Angst, etwas falsch zu machen. Sparen Sie sich das Wort „Nein" dafür auf, wenn Ihr Hund ungezogen ist. Zeigt Ihr Hund ein falsches Verhalten, geschieht dies vermutlich unabsichtlich. Versuchen Sie es dann lieber mit einem unbekümmerten „Schade" als mit einem harschen „Nein!"

Erst loben, dann streicheln und zum Schluss belohnen

Wie bereits ausgeführt, ist das richtige Timing Ihrer Belohnung ganz entscheidend. Beim Einüben von neuen Tricks wird Futter häufig als Lockmittel eingesetzt und sofort gegeben, um ein korrektes Verhalten zu kennzeichnen. Im etwas allgemeineren Gehorsamstraining oder wenn Sie Ihren Hund am Ende einer Übungsstunde belohnen, halten Sie folgende Reihenfolge ein: loben, am Kinn oder an der Brust streicheln und dann die Futterbelohnung. Dadurch bleibt Ihr Hund nicht nur in einer gelassenen Verfassung, sondern eine Verknüpfung wird hergestellt, wobei das verbale Lob angenehm mit Ihrer Berührung und Ihre Berührung mit der Belohnung verknüpft wird.

„OK!" als Freigabewort

Ihr Hund muss verstehen, wann er unter Ihrer Kontrolle steht und wann er freigegeben wurde. Wenn er beispielsweise zu „Platz" oder „Bleib" aufgefordert wurde, wird von Ihrem Hund erwartet, solange in dieser Position zu verharren, bis Sie ihn mit Ihrem Freigabewort freigeben. „OK" ist das am häufigsten verwendete Freigabewort. Nach einer Übungseinheit darf Ihr Hund nach „OK" rennen und spielen. Mit „OK" darf Ihr Hund auch aus dem parkenden Auto springen oder toben.

Was ist der Sinn von Sichtzeichen?

Hunde können einen Trick auf ein Hör- oder ein Sichtzeichen hin ausführen. Sichtzeichen sind für Hunde, die an ruhigen Drehorten im Film arbeiten, äußerst nützlich und sie lassen Ihnen in der Regel mehr Spielraum. Wenn ein Kind Ihrem Hund eine Frage stellt, kann Ihr unauffälliges Sichtzeichen für „Gib Laut" für Ihren Hund das Zeichen sein, als Antwort zu bellen! Tatsächlich reagieren die meisten Hunde lieber auf Sicht- als auf Hörzeichen. Probieren Sie es an Ihrem Hund aus: Verwenden Sie ein Hörzeichen eines bestimmten Tricks und ein Sichtzeichen für einen anderen Trick. Meistens führt der Hund den durch Ihr Sichtzeichen angezeigten Trick aus!

Kann ich für Tricks meine eigenen Kommandos und Sichtzeichen erfinden?

Bei manchen Tricks haben sich bestimmte Hör- und Sichtzeichen mehr eingebürgert als bei anderen Tricks. Kommandos des Grundgehorsams und viele Agility-Kommandos sind weit verbreitet und aus gutem Grund entstanden. Es kann hilfreich sein, einheitliche Hör- und Sichtzeichen zu verwenden, besonders wenn Ihr Hund eine Filmkarriere anstrebt. Sichtzeichen mögen willkürlich erscheinen, haben sich aber häufig aus den beim Grundtraining eines Hundes angewandten Methoden entwickelt. Das Heben der Hand als Zeichen für „Sitz" entsteht aus dem ursprünglichen Locken des Hundes, seinen Kopf nach oben zu heben, während Sie ihm dieses Kommando beibringen. Eine Handbewegung nach unten wird als Zeichen für „Platz" verwendet und ähnelt dem ursprünglichen Locken des Hundes in Bodennähe. Das „Fußspitzen-Sichtzeichen" für „Verbeugen" lenkt die Aufmerksamkeit Ihres Hundes auf den Boden und bringt seinen Kopf nach unten. Die schnelle Drehbewegung Ihres Handgelenks nach rechts ist eine verkleinerte Ausgabe des großen Kreises, den Sie beschrieben, als Sie Ihrem Hund „Im Kreis drehen" beibrachten.

Natürlich ist Tricktraining Spaß und wenn Sie Ihre eigenen Hör- und Sichtzeichen erfinden möchten, nur zu! Aber aufgepasst: Je mehr Tricks Sie einüben, desto schneller gehen Ihnen die Wörter aus. Anfangs verwendet man gerne „links" und „rechts", aber es kommt eine Zeit, wenn Sie sich wünschen, Sie hätten diese Wörter für einen anderen Trick aufgehoben.

Kann ich meine eigenen Tricks erfinden?

Manche der besten Tricks entstehen durch puren Zufall! Wenn Ihr Hund beim „Totstellen" einen „langen und qualvollen Tod stirbt", schlagen Sie Kapital aus seinem Einfallsreichtum und üben Sie den Trick genau so ein. Beim Gehorsamstraining ist es Ihre Aufgabe, Ihrem Hund korrektes Verhalten beizubringen und seine Aufgabe ist es, genau das zu tun, was Sie wünschen. Beim Tricktraining sind Sie beide ein Team – das Training sollte Teamarbeit sein.

Übungsschritte miteinander verketten

Das ist der Teil, der am meisten Spaß macht! Hat Ihr Hund einmal einzelne Verhaltensschritte gelernt, können Sie diese miteinander verketten und diesem neuen Handlungsablauf einen Namen geben. „Gute Nacht" beispielsweise verknüpft die Verhaltensschritte **Komm/Hier, Platz, Nimm's, Rolle** und **Kopf runter** miteinander und ergibt so einen beeindruckenden Trick, bei dem sich Ihr Hund selbstständig in eine Decke einwickelt! Es gibt viele Möglichkeiten, Verhaltensketten einzusetzen und schon beim Üben sind sie ein großartiges Gehirnjogging für Ihren Hund. Selbst bei einem einfachen Kommando wie „Ziel, Sitz" muss Ihr Hund sein Gehirn benutzen und erst die eine und dann die andere Handlung ausführen.

Wie lange dauert es, einen Hund zu trainieren?

Wie viele Jahre dauert es, bis ein Kind erzogen ist? Bis ein Sportler durchtrainiert ist? Wie viele Klavierstunden braucht es, bis Sie Musiker sind? Hundetraining sollte als lebenslanger Lernprozess betrachtet werden. Obwohl Ihr Hund zu einem gewissen Zeitpunkt ein Verhalten auf Kommando ausführen kann, braucht er nach wie vor Wiederholung und Perfektionierung, um seine Fähigkeiten beizubehalten oder zu verbessern. Stellen Sie Ihren Hund ein Leben lang vor immer neue Herausforderungen und Sie werden feststellen, dass sich Ihre Beziehung zusehends vertieft.

Bleiben sie realistisch

Während Sie das Inhaltsverzeichnis des vorliegenden Buches durchgehen, träumt Sie davon, dass Sie auf dem Sofa liegen, während Ihnen Ihr Hund bei der Hausarbeit hilft oder auf Kommando sein ganzes Spielzeug aufräumt. Träumen Sie ruhig weiter … Ihr Hund wird solche komplizierten Tricks niemals ganz allein ohne Sie ausführen und ganz sicher nicht ohne jegliche Belohnung. Bei solchen Tricks müssen Sie mit Ihrem Hund in Blickkontakt stehen und möglicherweise verbale Ermutigung und mehrfache Kommandos geben. Diese Tricks sind für Ihren Hund eine große Herausforderung.

Auf geht's!

Sie sind auf dem besten Wege, das nächste tolle Hunde-Trick-Team zu werden. Schnappen Sie sich die Leckerchentasche, das Lieblingsspielzeug Ihres Hundes, Ihr Exemplar von **101 Hundetricks** und los geht's!

Denken Sie vor sportlichen Herausforderungen immer daran, Ihren Hund gut aufzuwärmen, damit er sich nicht verletzt (s. S. 107).

Die 10 wichtigsten Trainingstipps

1. Belohnen Sie mit schmackhaften Leckerchen
2. Belohnen Sie, während Ihr Hund sich in der richtigen Position befindet
3. Belohnen Sie sofort (kein Gefummel in irgendwelchen Taschen)
4. Üben Sie immer vor der Fütterung
5. Zuerst üben, dann spielen
6. Beenden Sie die Übung, wenn Ihr Hund noch weitermachen möchte
7. Seien Sie konsequent
8. Motivieren Sie – setzen Sie Ihre „Freu-Stimme" ein
9. Nur Geduld – Rom wurde auch nicht an einem Tag erbaut
10. Werden Sie jemand, mit dem es Spaß macht, zusammen zu sein

Kapitel 1

Grundlagen

„Gehorsam" wird in der Hundeausbildung leider oftmals gleichgesetzt mit beherrschender Kontrolle des Hundes durch den Menschen. Stattdessen sollten wir den Grundgehorsam als Basis betrachten, die erst ein erfolgreiches Zusammenleben zwischen Hund und Halter ermöglicht. Am guten **Sitz**, **Platz**, **Hier** und **Bleib** erkennt man den wohlerzogenen Hund. Diese Kommandos werden auch für fast alle Tricks im vorliegenden Buch benötigt. Die Zeit, die man in das Erlernen dieser Grundlagen investiert, lohnt sich und erspart später viele Enttäuschungen.

„Wenn mein Hund bereits die Grundkommandos kennt, warum sollte ich sie weiterhin üben?"

Ganz einfach: Grundkommandos sind nichts anderes als Aufwärmübungen. Ein Konzertpianist wärmt sich auf, indem er Notenleitern spielt, ein Olympiaturner, indem er Purzelbäume schlägt, ein Lehrer, indem er die Lehrpläne überprüft, und ein Basketballer, indem er an seinen Freiwürfen arbeitet.

Gehorsamstraining ist mehr als nur das bloße Antrainieren von Verhaltensweisen auf Befehl. Für den Hund ist es Denksportaufgabe und Gehorsamsübung zugleich – und für Sie eine gute Methode, die Beziehung zu Ihrem Hund zu stärken. Erfolgreiches Wiederholen dieser vertrauten Grundkommandos gibt Ihrem Hund genug Selbstsicherheit, um erfolgreich neue Kunststücke zu lernen.

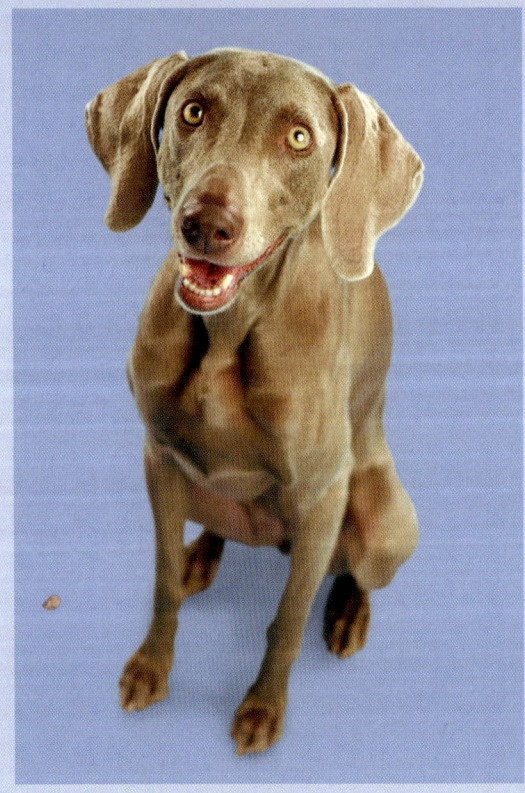

Sitz

Lernziel

Ihr Hund sitzt richtig auf seiner Hinterhand und verharrt solange, bis das Kommando aufgehoben wird.

1 Stellen oder knien Sie sich vor Ihren Hund und halten Sie Ihrem Hund ein Leckerchen hin.

2 Bewegen Sie das Leckerchen langsam über den Kopf des Hundes nach hinten. Dadurch soll erreicht werden, dass der Hund seine Schnauze nach oben richtet und automatisch mit dem Hinterteil nach unten geht. Setzt er sich nicht ganz hin, bewegen Sie das Leckerchen weiter nach hinten in Richtung Rute. In dem Moment, in dem er korrekt sitzt, geben Sie ihm das Leckerchen und verstärken Sie das Verhalten durch ein begeistertes verbales Lob.

3 Reagiert Ihr Hund nicht auf die Futterbelohnung, geben Sie mit Zeigefinger und Daumen einen leichten Impuls von oben auf den Hüftknochen – so machen Sie ihm klar, was Sie von ihm möchten. Loben und belohnen Sie ihn, wenn er sitzt.

4 Bleibt Ihr Hund sitzen, warten Sie ganz kurz, bevor Sie ihn belohnen. Denken Sie daran, ihn immer nur dann zu belohnen, wenn er sich auch wirklich im Sitz befindet und nicht, wenn er schon wieder aufsteht.

Das können Sie erwarten: Bereits Welpen sollten dieses Kommando lernen. Häufig ist Sitz der erste Trick, den ein Hund lernt. Sie dürften bereits innerhalb kurzer Zeit Fortschritte sehen!

Hörzeichen
Sitz
Sichtzeichen

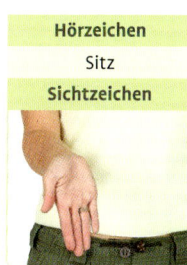

Hilfe, es klappt nicht

Mein Hund springt zum Leckerchen. Halten Sie das Leckerchen tiefer, sodass er es im Stehen erreichen kann.

Mein Hund macht zwar Sitz, steht aber immer wieder auf. Bringen Sie Ihren Hund behutsam, aber bestimmt immer wieder ins Sitz. Hat er dieses Verhalten einmal gelernt, sollte er solange im **Sitz** bleiben, bis das Kommando aufgehoben wird.

Tipp Lassen Sie Ihren Hund vor jeder Fütterung absitzen. Das ist eine prima Übung und gleichzeitig gutes Benehmen!

1 Halten Sie ein Leckerchen über den Kopf Ihres Hundes.

2 Bewegen Sie es nach hinten.

3 Geben Sie mit Ihren Fingern einen leichten Impuls auf die Hüftknochen, und er wird sich setzen.

Platz

Aufbauübungen Sobald Ihr Hund **Platz** beherrscht, wird das **Kriechen** leicht zu lernen sein (Seite 144)!

Tipp Springt der Hund Sie an oder auf das Sofa, verwenden Sie das Kommando „Ab" anstatt „Platz".

Lernziel

Ihr Hund legt sich komplett auf den Boden. Dieses lebenswichtige Kommando kann gefährliche Situationen durch riskantes Überqueren von Straßen verhindern.

1 Während Ihr Hund Ihnen gegenübersitzt, halten Sie ihm ein Leckerchen vor die Nase und führen es langsam zu Boden.

2 Wenn Sie Glück haben, folgt der Hund dem Leckerchen mit seiner Nase und legt sich hin. Dann können Sie ihm das Leckerchen geben und ihn ausgiebig loben. Denken Sie daran, das Leckerchen nur dann zu geben, wenn Ihr Hund sich in der richtigen Position befindet – nämlich im Platz. Legt er sich nicht richtig hin, schieben Sie das Leckerchen am Boden langsam zwischen seine Vorderpfoten oder aber von ihm weg. Es kann etwas dauern, aber schlussendlich wird sich Ihr Hund hinlegen.

Hörzeichen
Platz
Sichtzeichen

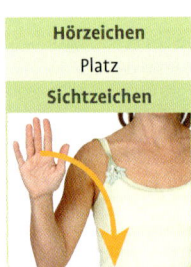

3 Reagiert Ihr Hund nicht auf die Futterbelohnung, geben Sie einen leichten Impuls auf seine Schulter. Loben Sie Ihren Hund, wenn er sich auf den Boden legt. Für den Lerneffekt ist es aber immer besser, wenn sich der Hund von alleine in Position bringt, als durch körperliche Einwirkung!

4 Bleibt Ihr Hund zuverlässig liegen, warten Sie allmählich immer länger, bevor Sie das Leckerchen geben. Wenn Ihr Hund liegenbleibt, loben Sie ihn und geben ihm das Leckerchen. Lassen Sie ihn unterschiedlich lange warten, bevor Sie ihm das Leckerchen geben – das erhält die Konzentration des Hundes. Der Hund sollte sich solange nicht aus dem Platz bewegen, bis Sie das Kommando mit „OK!" aufgelöst haben.

Das können Sie erwarten: Manche Rassen – besonders behäbigere oder massige Hunde – gehen meist einfacher ins Platz als überaktive Hunde mit hohen Läufen und tiefgezogener Brust. Dieses Kommando können Hunde im Erwachsenen- und Welpenalter lernen.

1 Halten Sie dem Hund ein Leckerchen vor die Nase.

2 Führen Sie das Leckerchen zum Boden.

Schieben Sie das Leckerchen entweder zu ihm hin oder von ihm weg.

Geben Sie Ihrem Hund das Leckerchen, sobald er sich ablegt.

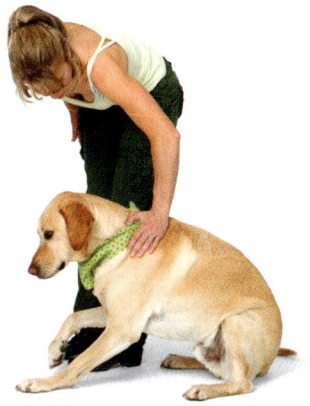

3 Geben Sie einen leichten Impuls nach unten auf seiner Schulter.

Bleib

Lernziel

Im **Bleib** bleibt Ihr Hund solange in seiner Position, bis das Kommando aufgelöst wird.

1 Beginnen Sie mit der Übung, während Ihr Hund im Sitz oder im Platz ist, da die Wahrscheinlichkeit geringer ist, dass er sich aus diesen beiden Positionen heraus gleich bewegt. Verwenden Sie zur besseren Kontrolle eine Leine. Stellen Sie sich direkt vor ihn hin, sagen Sie „Bleib" und halten Sie ihm die flache Hand vor die Nase.

Hörzeichen
Bleib
Sichtzeichen

2 Treten Sie etwas zurück, halten Sie Blickkontakt mit Ihrem Hund und gehen Sie wieder zu ihm zurück. Loben Sie ihn ausgiebig und geben ihm ein Leckerchen. Achten Sie darauf, den Hund zu loben und zu belohnen, solange er sich noch nicht bewegt hat.

3 Hebt Ihr Hund das **Bleib** selbstständig auf, bevor Sie das Kommando aufgelöst haben, bringen Sie ihn behutsam, aber bestimmt, an die Ausgangsstelle zurück.

4 Verlängern Sie allmählich den Zeitraum, den Ihr Hund im Bleib verharren soll, ebenso die Entfernung zwischen Ihnen beiden. Sie möchten, dass Ihr Hund Erfolg hat. Wenn er sich also aus dem Bleib wegbewegt, verringern Sie Zeitraum und Distanz so weit, dass er beides bewältigen kann.

Das können Sie erwarten: Ihr Tonfall und Ihre Körpersprache spielen beim Übermitteln Ihrer Botschaft eine große Rolle. Wenn Sie bestimmt und konsequent bleiben, braucht es nur wenige Übungseinheiten, bis Ihr Hund Sie versteht.

Hilfe, es klappt nicht

Mein Hund kommt immer auf mich zu.
Gehen Sie sparsam mit Hörzeichen um, wenn Sie ihm dieses Kommando beibringen. Ihr Sprechen provoziert Bewegung, Sie möchten aber in diesem Fall Bewegungslosigkeit. Eine eindeutige Körpersprache vermittelt dem Hund, dass Sie es ernst meinen.

Mein Hund hebt das Kommando immer von selbst auf.
Zeigen Sie ihm das Leckerchen erst, wenn Sie es ihm geben, da es ihn zum Herkommen verleiten kann. Variieren Sie: Gehen Sie manchmal zu ihm zurück und gehen Sie wieder weg, ohne ihn zu belohnen.

Tipp „Bleib" bedeutet: keine Bewegung, bis ich dich freigebe. „Warte" ist nicht so streng und bedeutet: bleib ungefähr dort, wo du gerade bist, egal in welcher Position.

1 Geben Sie Ihrem Hund das Kommando „Bleib".

2 Treten Sie etwas zurück.

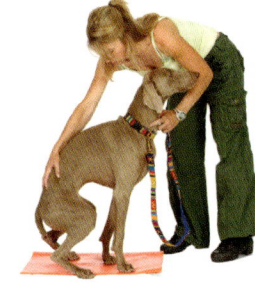

3 Bringen Sie ihn wieder in Position, wenn er nicht im Bleib verharrt.

Komm/Hier

Lernziel

Auf den Befehl „Komm" kommt Ihr Hund sofort zu Ihnen. Im Hundesport ist der Befehl „Hier" dann vollständig ausgeführt, wenn Ihr Hund vor Ihnen absitzt. Überlegen Sie sich vorab, was Sie von Ihrem Hund erwarten. Belohnen Sie Ihren Hund jedes Mal, wenn er Ihren Befehl „Komm/Hier" befolgt, ob mit Lob oder mit Leckerchen. Zu Beginn üben Sie am besten mit einer langen Leine – sodass Ihr Hund merkt, dass er eigentlich keine Chance hat, Ihren Befehl nicht zu befolgen.

Hörzeichen
Komm/Hier
Sichtzeichen

1 Geben Sie Ihrem Hund an einer 1,80 m langen Leine das Kommando „Komm/Hier" – dabei können Sie zur Motivation etwas rückwärts gehen. Wenn er herankommt, loben Sie ihn ausgiebig. Ihr Kommando sollte fröhlich, aber bestimmt klingen. Geben Sie das Kommando nur ein einziges Mal.

2 Gehen Sie bei zunehmendem Fortschritt zu einer längeren Leine über.

3 Ist Ihr Hund soweit, dass Sie ohne Leine üben können, sollte dies in einem eingezäunten Bereich geschehen. Lassen Sie Ihren Hund eine Leine hinter sich herziehen. Befolgt er Ihren ersten Befehl nicht, gehen Sie zu ihm hin und führen ihn ohne Worte dorthin zurück, wo er war, als Sie das Kommando gaben. Belohnen Sie ihn nicht, wenn er das Kommando nicht gleich bei Ihrem ersten Ruf von allein ausführt. Nehmen Sie den Hund wieder an die lange Leine und lassen Sie ihn einige Mal erfolgreich zu Ihnen kommen, bevor Sie es wieder ohne Leine versuchen.

Das können Sie erwarten: Ein Hund kann die Bedeutung des Wortes sehr schnell lernen, jedoch sollte dieses Kommando lebenslang geübt und durchgesetzt werden.

Hilfe, es klappt nicht

Sobald mein Hund abgeleint ist, rennt er davon!
Laufen Sie Ihrem Hund nicht hinterher, da ihn ein solches Verhalten Ihrerseits nur noch ermutigt. Leinen Sie ihn kommentarlos an und üben Sie wieder mit Leine!

Muss ich dieses Kommando jedes Mal durchsetzen, wenn ich es gebe?
Ja! Wenn Ihr Hund in einer Situation ist, wo Sie erwarten, dass er Ihr Kommando nicht befolgen wird, geben Sie das Kommando auch nicht. Rufen Sie stattdessen Ihren Hund beim Namen oder sagen Sie „Auf jetzt!".

Tipp Verbinden Sie das Kommando „Komm/Hier" immer mit positiven Dingen. Befehlen Sie Ihrem Hund niemals herzukommen, wenn es ums Baden oder um einen Tierarztbesuch geht – holen Sie ihn dann einfach.

1 Üben Sie zu Beginn mit einer kürzeren Leine.

2 Klappt das zuverlässig, gehen Sie zu einer längeren Leine über.

3 Üben Sie ohne Leine in einem eingezäunten Bereich.

Kapitel 2

Die Klassiker

Bring, Pfote geben, Gib Laut und Totstellen ... diese nützlichen und weniger nützlichen Tricks gibt es schon seit der Zeit, als die Höhlenmenschen ihre Knochen mit den Wölfen teilten. Auch ein Hund ohne Adelsprädikat ist bei Ihren Freunden die Nummer Eins, wenn er auf das Kommando „Peng" zu Boden fällt oder den Gästen zur Begrüßung höflich die Pfote reicht! Von Hunden erwartet man solche Tricks und Sie können diese mit viel Spaß Ihrem cleveren Hund beibringen.

Pfote geben – links und rechts

Lernziel

Beim **Pfote geben** hebt Ihr höflicher Vierbeiner seine Pfote in Brusthöhe, damit die Gäste sie schütteln können. Dieses Kunststück klappt mit beiden Pfoten.

1 Ihr Hund sitzt vor Ihnen. Sie verstecken ein Leckerchen in Ihrer rechten Hand, die sich dicht über dem Boden befindet. Fordern Sie Ihren Hund auf, danach zu pföteln, und sagen Sie dazu „Pfote". Belohnen Sie Ihren Hund mit dem Leckerchen in dem Moment, in dem er seine linke Pfote vom Boden nimmt.

2 Halten Sie Ihre Hand allmählich immer höher, bis der Hund seine Pfote bis auf Brusthöhe anhebt.

3 Gehen Sie dazu über, Sichtzeichen zu verwenden. Stehen Sie auf, halten Sie das Leckerchen in Ihrer linken Hand hinter dem Rücken und strecken Sie Ihre rechte Hand aus, während Sie „Pfote" sagen. Pfötelt Ihr Hund zu Ihrer ausgestreckten Hand, halten Sie seine Pfote in der Luft, während Sie ihn mit dem Leckerchen in Ihrer linken Hand belohnen.

4 Wiederholen Sie diese Lernschritte mit der anderen Pfote, um ihm „Andere" beizubringen – aber erst dann, wenn er das Kommando „Pfote" zuverlässig ausführt.

Das können Sie erwarten: Jeder Hund kann diesen Trick lernen und es ist immer eine freundliche Geste. Üben Sie mehrmals täglich und beenden Sie die Übung immer dann, wenn es am schönsten ist. Verbinden Sie die beiden Kommandos miteinander, indem Sie abwechselnd in schneller Folge „Pfote" und „Andere" üben.

Hörzeichen
Pfote (linke Pfote)
Andere (rechte Pfote)

Sichtzeichen

Hilfe, es klappt nicht

Anstatt nach meiner Hand zu pföteln, stupst er sie mit der Nase an. Ignorieren Sie dieses Verhalten, haben Sie Geduld und ermuntern Sie ihn weiterhin. Vielleicht bellt er dann oder schnuppert oder macht gar nichts. Hebt er seine Pfote nicht von allein, tippen Sie sie leicht an oder heben sie etwas an und belohnen ihn dann.

Aufbauübungen Sobald Sie **Pfote** und **Andere** beherrschen, können Sie ähnlich vorgehen, um **Parade** (Seite 176) und **Zum Abschied winken** (Seite 202) einzuüben.

Tipp Loben Sie Ihren Hund in genau dem Moment, in dem er das gewünschte Verhalten ausführt.

1 Verstecken Sie ein Leckerchen in Ihrer rechten Hand, die sich dicht über dem Boden befindet.

2 Zeigt Ihr Hund das gewünschte Verhalten und pfötelt, heben Sie die Hand höher.

3 Stehen Sie auf und sagen Sie das Kommando.

Halten Sie seine Pfote, während Sie ihn belohnen.

Bring/Nimm's

Lernziel

Beim **Bring** soll Ihr Hund einen bestimmten Gegenstand holen. **Nimm's** bedeutet, dass der Hund einen in seiner Reichweite befindlichen Gegenstand aufnimmt.

Bring

1 Schneiden Sie mit einem Teppichmesser einen 2,5 cm langen Schlitz in einen Hart- oder Moosgummiball. Zeigen Sie Ihrem Hund, wie Sie ein Leckerchen in den Ball stecken.

2 Werfen Sie den Ball spielerisch weg und fordern Sie den Hund auf, ihn zurückzubringen, indem Sie sich entweder seitlich ans Bein klopfen, aufgeregt reagieren oder von ihm wegrennen.

3 Bringt er den Ball zurück, nehmen Sie ihn ihm ab und drücken Sie das Leckerchen heraus. Da er das Leckerchen unmöglich selbst herausbekommen kann und soll, wird er lernen, Ihnen den Ball zurückzubringen, um sein Leckerchen zu bekommen.

Hörzeichen
Bring (Apport) Nimm's (Gegenstand in Reichweite)

Nimm's

1 Suchen Sie ein Spielzeug aus, das Ihr Hund mag und geben Sie es ihm spielerisch, während Sie gleichzeitig das Hörzeichen geben.

2 Lassen Sie ihn das Spielzeug nur ein paar Sekunden lang halten, bevor Sie es ihm abnehmen und er im Austausch von Ihnen ein Leckerchen bekommt. Macht der Hund Fortschritte, verlängern Sie die Zeit, die er das Spielzeug im Maul hält, bevor Sie ihn belohnen. Belohnen Sie ihn nur dann, wenn Sie ihm das Spielzeug abnehmen, aber nicht, wenn er es von alleine fallen lässt.

3 Lassen Sie Ihre Fantasie spielen! Ihr Hund könnte eine Fahne halten, während er auf dem Feld einen Kreis läuft oder ein publikumswirksames Schild mit der Aufschrift „Fütter mich" tragen. Ein Hund, der eine Pfeife im Maul hält, ist immer gut für einen Lacher und ein piekfeiner Vierbeiner, der ein Körbchen mit Servietten trägt, schindet mit Sicherheit Eindruck!

Das können Sie erwarten: Viele Hunde apportieren von Natur aus und begreifen diesen Trick innerhalb von wenigen Tagen – falls Ihr Hund gar nicht apportieren mag, haben Sie sehr viel Geduld oder üben Sie andere Tricks mit ihm.

Hilfe, es klappt nicht

Mein Hund mag dem Ball nicht hinterherlaufen.
Motivieren Sie Ihren Hund, indem Sie richtig Action machen und den Ball zum aufregendsten Gegenstand überhaupt erklären.

Mein Hund fängt den Ball und rennt damit weg.
Laufen Sie niemals Ihrem Hund hinterher, wenn er Weglaufen spielt. Locken Sie ihn mit einem Leckerchen zurück oder laufen Sie vor ihm weg, was ihn zum Verfolgen animiert. Halten Sie einen zweiten Ball bereit, mit dem Sie dann aufregende Spiele spielen. Ihr Hund wird bald das Interesse an seinem Ball verlieren – Ihr Ball ist viel spannender.

Aufbauübungen Beherrschen Sie einmal das **Bring**, können Sie darauf **Bring meine Schuhe** (Seite 36), **Zeitungsbote** (Seite 40) und **Apport mit Einweisen** (Seite 184) aufbauen. Auf die Übung **Nimm's** können Sie **Trag meine Tasche** (Seite 44) aufbauen.

Tipp Verwenden Sie für diese Übung möglichst keine Tennisbälle, da deren Oberfläche zu Abnutzungserscheinungen am Gebiss führen kann.

Bring

1 Schneiden Sie einen Schlitz in einen Ball und legen Sie ein Leckerchen in den Ball hinein.

2 Werfen Sie den Ball spielerisch.

3 Belohnen Sie Ihren Hund mit dem Leckerchen aus dem Ball.

Nimm's

1 Geben Sie Ihrem Hund eines seiner Lieblingsspielzeuge.

2 Tauschen Sie es gegen ein Leckerchen aus.

FÜTTER MICH

3 Lassen Sie Ihren Hund andere Gegenstände aufnehmen und halten!

Aus/Gib

Lernziel

Auf das Kommando **Aus** lässt Ihr Hund den Gegenstand los und auf den Boden fallen. **Gib** bedeutet, dass der Hund Ihnen den Gegenstand in die Hand gibt.

Hörzeichen
Aus (auf den Boden fallen lassen) Gib (in die Hand geben)

Aus

1 Spielen Sie mit Ihm und sagen Sie Ihrem Hund dann das Kommando „Aus", gleichzeitig bieten Sie ihm ein Superleckerchen an. Loben Sie Ihren Hund ausgiebig, wenn er das Spielzeug fallen lässt und belohnen Sie ihn mit einem Spiel mit dem Spielzeug.

Gib

1 Geben Sie Ihrem Hund, während er ein Spielzeug im Maul hält, das Kommando „Gib" und bieten Sie ihm im Tausch gegen das Spielzeug ein Leckerchen an. Halten Sie Ihre Hand unter das Spielzeug, sodass Ihr Hund lernt, es nicht fallen zu lassen, sondern in die Hand zu geben.

2 Geben Sie Ihrem Hund das Spielzeug zurück, damit er versteht, dass das Kommando nicht zwingend bedeutet, dass ihm das Spielzeug weggenommen wird.

Das können Sie erwarten: Die Bereitschaft, ein Spielzeug herzugeben, ist von Hund zu Hund verschieden. Machen Sie es sich zur Gewohnheit, das Spielzeug nur dann zu werfen, wenn es Ihr Hund freiwillig hergibt.

Hilfe, es klappt nicht

Mein Hund gibt das Spielzeug nicht her.
Versuchen Sie es mit einem weniger interessanten Spielzeug und belohnen Sie ihn mit einem heiß begehrten Spielzeug, wenn er den Befehl befolgt.

Soll ich dem Hund das Spielzeug unter Zwang wegnehmen?
Nein! Das kann dazu führen, dass der Hund – absichtlich oder unabsichtlich – zubeißt. Versuchen Sie es mit noch tolleren Leckerchen.

Aufbauübungen Wenn Ihr Hund Aus beherrscht, können Sie darauf **Räum dein Spielzeug auf** (Seite 46) und **Basketball** (Seite 90) aufbauen.

Tipp Gibt Ihr Hund etwas Unappetitliches nicht aus dem Maul, können Sie seine Lefzen gegen die Zähne pressen, das öffnet den Kiefer.

Aus
1 Geben Sie das Kommando „Aus" – lässt Ihr Hund das Spielzeug fallen, loben Sie ihn.

Gib
1 Geben Sie Ihrem Hund ein Leckerchen im Austausch gegen sein Spielzeug.

Balancieren und Fang

Lernziel

Ihr Hund balanciert ein Leckerchen oder ein Spielzeug auf seiner Nase und wirft es auf Ihr Kommando hoch in die Luft und fängt es wieder auf.

1 Bringen Sie Ihren Hund so ins **Sitz** (Seite 15), dass er Ihnen zugewandt ist. Legen Sie eine Hand unter seine Schnauze und platzieren Sie ein Leckerchen auf seinem Nasenrücken. Sagen Sie ihm mit leiser Stimme „Waaaarten".

Hörzeichen
Warten, Fang

2 Bleiben Sie ein paar Sekunden in dieser Position, bevor Sie seine Schnauze loslassen und sagen Sie ihm „Fang!". Die meisten Hunde werfen wahrscheinlich erst einmal das Leckerchen durch die Gegend und müssen es dann wieder einsammeln. Übung macht den Meister – eines Tages klappt es jedes Mal.

3 Lässt Ihr Hund das Leckerchen auf den Boden fallen, versuchen Sie es vor ihm zu bekommen, damit er sich nicht für die „falsche" Ausführung des Kommandos belohnt. So lernt er, dass er das Leckerchen auffangen muss, sonst schnappen Sie es ihm weg.

4 Mit zunehmendem Fortschritt lassen Sie ihn das Leckerchen auf der Nase balancieren, ohne ihn an der Schnauze anzufassen. Wenn Sie das Leckerchen dicht an der Nasenspitze platzieren, kann er es am leichtesten auffangen. Das ist aber von Hund zu Hund unterschiedlich.

Das können Sie erwarten: Manche Hunde haben von Natur aus bessere Koordinationsfähigkeiten als andere, aber die bei diesem Kunststück beanspruchten motorischen Funktionen kommen allen Hunden zugute.

1 Legen Sie eine Hand unter die Hundeschnauze und legen Sie mit der anderen Hand ein Leckerchen auf den Nasenrücken.

4 Nehmen Sie Ihre Hand weg, während er das Leckerchen balanciert.

Übung macht den Meister!

Hilfe, es klappt nicht

Seine Nase ist zu kurz!
Obwohl es durchaus möglich ist, kurznasigen Rassen diesen Trick beizubringen, gestaltet es sich etwas schwieriger. Ein biegsames Leckerchen wie z. B. eine nasse Nudel ist leichter zu balancieren.

Das Leckerchen fliegt durch die Gegend, wenn mein Hund es auffangen will.
Da hilft nur eines: Üben, üben, üben! Irgendwann wird es zuverlässig klappen.

Aufbauübungen Steigern Sie den Schwierigkeitsgrad dieses Tricks, indem Sie Ihren Hund **Betteln** lassen (Seite 28), während er das Leckerchen balanciert.

Bitte-bitte/Betteln

Lernziel

Wenn es mit „Bitte" nicht funktioniert … dann vielleicht mit Betteln! Ihr Hund sitzt mit aufrechtem Vorderkörper auf der Hinterhand. Er sollte gleichmäßig auf beiden Hinterbacken sitzen, die Wirbelsäule aufrecht, die Pfoten an die Brust angelegt. Die Ausrichtung von Hinterhand, Brust, Vorhand und Kopf ist entscheidend für das Gleichgewicht.

Kleine Hunde

1 Bringen Sie Ihren Hund so ins Sitz (Seite 15), dass er Ihnen gegenübersitzt. Versuchen Sie, mit einem Leckerchen seinen Kopf nach oben und nach hinten zu bekommen, während Sie ihm das Stichwort „Betteln" geben. Lassen Sie an dem Leckerchen in Ihrer Faust knabbern, damit er in dieser Position bleibt. Erhebt er seine Hinterhand vom Boden, gehen Sie mit Ihrem Leckerchen etwas weiter nach unten und lassen ihn wieder sitzen.

Hörzeichen
Betteln
Sichtzeichen

2 Mit zunehmend besserem Gleichgewicht gehen Sie etwas auf Distanz und arbeiten mit dem Hör- und Sichtzeichen. Werfen Sie dem Hund nach ein paar Sekunden das Leckerchen zu. Denken Sie daran, Ihren Hund zu belohnen, solange er sich in der korrekten Position befindet und nicht erst, wenn er seine Vorderläufe herunter genommen hat.

Große Hunde

1 Bringen Sie Ihren Hund ins Sitz. Stellen Sie sich direkt hinter ihn, die Fersen zusammen und die Zehen nach außen weisend.

2 Nehmen Sie ein Leckerchen und führen Sie damit seinen Kopf nach hinten und gerade nach oben, bis er aufrecht sitzt. Stützen Sie mit Ihrer anderen Hand seine Brust. Er muss noch sein Gleichgewicht finden. Mit zunehmendem Fortschritt brauchen Sie ihn nur noch leicht an Rücken und Brust stützen.

Das können Sie erwarten: Manche Hunde lernen dieses Kunststück schneller, während es anderen viel schwerer fällt, ihr Gleichgewicht zu finden.

Hilfe, es klappt nicht

Mein Hund springt nach dem Leckerchen.
Führen Sie Ihre Handbewegungen langsamer aus. Belohnen Sie Ihren Hund nicht, wenn er springt.

Mein Hund stellt sich immer auf.
Halten Sie Ihre Hand tiefer und sagen Sie freundlich „Sitz". Halten Sie das Leckerchen auf Höhe seines Gesichts.

Mein Hund kann das Gleichgewicht nicht halten.
Für kleine und rundliche Hunde ist dieser Trick einfacher. Große, lang gebaute Hunde mit tiefgezogener Brust können das Betteln ebenfalls lernen, sie brauchen aber länger, bis sie ihr Gleichgewicht gefunden haben.

Aufbauübungen Sobald Ihr Hund sicher das Gleichgewicht hält, können Sie ihm beibringen, auf seinen Hinterbeinen zu stehen oder zu gehen!

Tipp Stellen Sie sicher, dass Ihr Hund körperlich in der Lage dazu ist, diese Übung auszuführen, und dass er gesund ist!

„Am liebsten wälze ich mich in nassem Gras, Pferdemist und auf allem, was nach Katze riecht."

Kleine Hunde

1 Locken Sie den Kopf Ihres Hundes mit einem Leckerchen nach oben.

Lassen Sie ihn an dem Leckerchen knabbern.

2 Wenn die Übung klappt, gehen Sie auf Distanz.

Große Hunde

1 Stellen Sie sich hinter Ihren Hund, Ihre Fußspitzen weisen nach außen.

2 Stützen Sie seine Brust, während Sie ihn in die aufrechte Position bringen.

Gib Laut

Lernziel

Ihr Hund bellt auf Kommando. Wenn Ihr Hund sowieso häufig kläfft ... dann ist dies genau der richtige Trick für ihn!

1 Beobachten Sie, was Ihren Hund zum Bellen veranlasst – die Türklingel oder ein Klopfen, der Briefträger, Ihr Anblick mit seiner Leine – und nutzen Sie diesen Reiz, um ihm den Trick beizubringen. Da die meisten Hunde bei der Türklingel bellen, nehmen wir diesen Reiz als Beispiel. Geben Sie das Kommando „Gib Laut" und drücken Sie auf die Klingel. Bellt Ihr Hund, belohnen Sie ihn sofort. Wiederholen Sie diese Übung einige Male.

Hörzeichen
Gib Laut
Sichtzeichen

2 Im zweiten Übungsschritt geben Sie das Kommando, klingeln aber nicht an der Tür. Sie müssen das Kommando eventuell mehrmals wiederholen, bis Ihr Hund Laut gibt. Bellt Ihr Hund nicht, wiederholen Sie den ersten Lernschritt.

3 Probieren Sie den Trick in einem anderen Zimmer aus. Merkwürdigerweise kann dies für Ihren Hund eine echte Schwierigkeit sein. Hat Ihr Hund zu irgendeinem Zeitpunkt wiederholt keinen Erfolg, wiederholen Sie den jeweils vorherigen Lernschritt.

Das können Sie erwarten: Mit einem ausreichend starken Reiz, der Ihren Hund zum Bellen bringt, kann er den Trick innerhalb einer Übungseinheit lernen.

Hilfe, es klappt nicht

Ich habe einen Kläffer aus meinem Hund gemacht!
Belohnen Sie Ihren Hund immer nur, wenn er auf Ihr Kommando hin bellt. Sonst wird er jedes Mal bellen, wenn er etwas möchte!

Ich finde keinen Reiz, der meinen Hund zum Bellen veranlasst.
Hunde bellen häufig aus Frustration. Necken Sie ihn mit einem Leckerchen: „Willst du das? Dann gib Laut!"

Aufbauübungen Sobald Ihr Hund **Gib Laut** beherrscht, können Sie auf diesem Kunststück **Mein Hund kann zählen** (Seite 180) aufbauen!

Tipp Senken Sie Ihre Stimme, legen Sie einen Finger an Ihre Lippen und fordern Sie Ihren Hund auf „Gib Laut, aber leise". Belohnen Sie ein leises Bellen.

1 Klingeln Sie an der Tür.

2 Versuchen Sie, das gewünschte Verhalten nur mit Hörzeichen auszulösen.

3 Wechseln Sie den Ort und geben Sie das Kommando.

Rolle

Lernziel
Ihr Hund rollt sich von der Seite auf den Rücken und beschreibt dabei eine volle Drehung.

1 Beginnen Sie mit dem Hund im **Platz** (Seite 16). Knien Sie sich vor ihn hin und halten Sie ihm ein Leckerchen vor die Nase.

2 Bewegen Sie das Leckerchen von seiner Nase in Richtung Schulterblatt, während Sie gleichzeitig das Kommando „Rolle" geben. Dies dürfte Ihren Hund dazu bringen, sich auf die Seite zu rollen. Loben Sie ihn und geben Sie ihm das Leckerchen.

3 Sobald Sie für den nächsten Lernschritt bereit sind, setzen Sie Ihre Handbewegung mit dem Leckerchen vom Schulterblatt bis zur Wirbelsäule fort. Das sollte ihn dazu bringen, sich auf den Rücken und auf die andere Seite zu rollen. Belohnen Sie ihn in dem Moment, in dem er sich auf die andere Seite rollt.

4 Arbeiten Sie bei zunehmendem Fortschritt mit einem unauffälligeren Sichtzeichen.

Das können Sie erwarten: Wenn Sie die Übung einige Male üben, beherrscht Ihr Hund sie sicher bald.

Hörzeichen
Rolle
Handzeichen

2 Bringen Sie seine Nase in Richtung Schulterblatt …

3 … und dann weiter in Richtung Wirbelsäule.

Hilfe, es klappt nicht

Mein Hund windet sich, rollt sich aber nicht auf die Seite.
Alles nur eine Frage Ihrer Handstellung: Sein Hals sollte so gebogen sein, als ob seine Nase sein Schulterblatt erreichen wollte. Schubsen Sie ihn niemals körperlich auf die Seite.

Mein Hund rollt sich zwar zur Seite, aber nicht auf den Rücken.
Helfen Sie in diesem Fall Ihrem Hund, die Rolle abzuschließen, indem Sie auf dem letzten Stück behutsam mit Ihrer Hand den Vorderläufen nachhelfen.

Aufbauübungen Auf diese Übung können Sie **In eine Decke einwickeln** aufbauen (Seite 48).

Tipp Für mittelgroße und große Hunde ist diese Übung wegen der Gefahr einer Magendrehung kritisch. Üben Sie mit keinem Hund direkt nach dem Füttern! Warten Sie mindestens drei Stunden!

Totstellen

Hilfe, es klappt nicht

„Tote" Hunde sollten nicht
mit dem Schwanz wedeln!
Versuchen Sie, Ihrer Stimme einen
bestimmteren Tonfall zu geben, um das
Wedeln abzustellen. Oder vergessen
Sie's ganz einfach … mit Sicherheit sorgt
Ihr Hund für großes Gekicher!

**Mein Hund stirbt einen langsamen,
qualvollen Tod, der mehrere Kugeln
und ein paar Kreise erfordert.**
Improvisieren Sie mit „Verdammt, knapp
verfehlt! Wirst du jetzt wohl sterben!
Das nenne ich einem die Schau stehlen!"

Tipp Da die Verwendung der „Finger-
kanone" als Sichtzeichen nicht immer
angebracht ist, können Sie stattdessen
das Kommando „Buh!" geben und Ihren
Hund einfach zu Tode erschrecken.

„Häufig läuft Mieze genau bei
diesem Trick an mir vorbei."

Lernziel

Beim **Totstellen** rollt sich Ihr Hund auf den Rücken, die Beine in der Luft.
Er bleibt solange „tot", bis Sie seine wundersame Heilung auf Kommando
bewirken. „Pfoten hoch oder du bist ein toter Hund!"

1 Bringen Sie Ihrem Hund diesen Trick dann bei,
wenn er zuvor schon Auslauf hatte und sich
ausruhen möchte. Bringen Sie Ihren Hund ins
Platz (Seite 16) und knien sich vor ihn hin.
Halten Sie ein Leckerchen seitlich an seinen
Kopf und führen Sie es in Richtung Schulterblatt,
so wie Sie es bei der **Rolle** (Seite 31) gemacht
haben. Ihr Hund sollte sich auf diese Seite legen.

Hörzeichen

Peng

Sichtzeichen

2 Führen Sie Ihre Hand weiter, bis er auf dem
Rücken liegt, indem Sie am Rumpf nachhelfen.
Loben Sie ihn und kraulen Sie seinen Bauch,
während er auf dem Rücken liegt. Verstärken
Sie die Position mit dem Hörzeichen „Peng".

3 Mit zunehmendem Fortschritt versuchen Sie, Ihren Hund nur mittels
Leckerchen in die Rückenlage zu bringen, ohne ihn zu berühren. Sieht es
so aus, als ob er eine vollständige Rolle macht, halten Sie ihn mit Ihrer
Hand auf seiner Brust fest und lassen Sie dann langsam los, damit er die
Rückenlage von alleine beibehält.

4 Üben Sie dieses Kunststück so lange, bis Sie es mit dem Kommando
„Peng!" und dem Sichtzeichen auslösen können. Ihr Hund sollte in dieser
Position verharren, bis er mit „OK" oder „du bist wieder gesund!" oder
einem anderen Hörzeichen freigegeben wird.

Das können Sie erwarten: Die Rückenlage kann für Ihren Hund etwas
unangenehm sein und es braucht Zeit, bis er sich daran gewöhnt hat.
Führen Sie diese Übung zusammen mit der Übung „Rolle" durch, damit
Ihr Hund den Unterschied begreift.

1 Bringen Sie Ihren Hund so ins Platz, dass er Ihnen gegenüber liegt.

Bringen Sie ihn dazu, sich auf die Seite zu legen – wie bei der Rolle.

2 Setzen Sie Ihre Bewegung fort, bis er auf dem Rücken liegt und stabilisieren Sie ihn in der Rückenlage.

4 Üben Sie solange, bis sich Ihr Hund auf Kommando totstellen kann!

Kapitel 3

An die Arbeit

Hunde

Hunde und Menschen leben schon sehr lange in gegenseitiger Abhängigkeit, und der eine hat dem anderen wertvolle Dienste geleistet. Der Mensch sorgt für Futter, Unterkunft und medizinische Versorgung, während der Hund dem Menschen seit jeher als Beschützer, Jagdhelfer, Herdenhüter, Schädlingsbekämpfer und Zugtier von Karren und Schlitten gedient hat. Heutzutage haben nur noch wenige Hunde echte Jobs, was aber nicht heißen muss, dass er alles ohne Gegenleistung bekommt! Ihr Hund kann sich trotzdem seinen Lebensunterhalt verdienen, indem er sich an der modernen Hausarbeit beteiligt.

Hunde brauchen eine Aufgabe. Sie arbeiten gerne für ein Lob und das Gefühl der Bestätigung. In diesem Kapitel lernen Sie einige nützliche Tricks, die Bestandteil der täglichen Arbeiten Ihres Hundes im Haus werden. Sicher, es ist anstrengend, Ihren Hund zu unterrichten, aber denken Sie an die Zeit, die Sie jeden Tag sparen, wenn Ihr Hund Ihnen Ihre Zeitung oder Ihre Hausschuhe bringt und sein Spielzeug selbst in seine Kiste aufräumt!

Ihr Hund wird diese Dinge sehr gerne tun, wenn er das Gefühl hat, dass es wichtige Aufgaben sind. Wenn er Ihnen morgens die Zeitung bringt, loben Sie ihn immer ausgiebig und erzählen Sie ihm, was er für ein außergewöhnlich cleverer Hund ist – anstatt die Zeitung lediglich lässig auf den Tisch zu werfen. Wenn er Ihre Tasche trägt, achten Sie darauf, dass er sie nicht fallen lässt oder darauf herumkaut. Ihre Tasche ist wertvoll! Und wenn er Ihnen stolz zwei Hausschuhe von zwei verschiedenen Paaren präsentiert, dann tragen Sie sie mit Stolz! Letztendlich kommt es doch darauf an, wie sich Ihr bester Freund fühlt, oder?

Bring meine Schuhe

Lernziel

Ihr Hund sucht und bringt auf Kommando einen Ihrer Schuhe. Er kann sehr wohl zwischen Ihren Schuhen und denen eines anderen Menschen unterscheiden. Es gibt jedoch keine Garantie dafür, dass er ein passendes Paar bringt!

1 Stellen Sie in einer ansonsten reizarmen Umgebung einen Ihrer Schuhe nicht weit weg von Ihrem Hund hin. Zeigen Sie auf den Schuh und fordern Sie Ihren Hund auf, **„Bring Schuh"** (Seite 24). Belohnen Sie das erfolgreiche Herbringen.

Hörzeichen
Bring Schuh

2 Stellen Sie nach mehreren erfolgreichen Wiederholungen den Schuh an einen anderen Ort oder in ein anderes Zimmer und schicken Sie Ihren Hund auf die Suche nach dem Schuh.

3 Hat Ihr Hund erst einmal gelernt, einen bestimmten Schuh zu apportieren, wiederholen Sie die Übung mit einem anderen Schuh. Ihr Hund lernt so, das ein „Schuh" jegliche Art von „Fußbekleidung" ist, die Ihren Geruch trägt.

Das können Sie erwarten: Üben Sie dieses Kunststück so lange, wie es Ihrem Hund Spaß macht, einige Male pro Übungseinheit. In zwei Wochen dürften Sie Ihre Schuhe gebracht bekommen, während Sie bequem im Sessel sitzen!

Voraussetzungen
Bring (Seite 24)

Hilfe, es klappt nicht

Mein Hund bringt alles Mögliche – nur nicht meinen Schuh.
Ihr Hund ist aufgeregt und erinnert sich, dass er Ihnen etwas bringen soll ... weiß aber nicht mehr, was. Nehmen Sie den Gegenstand nicht an, sondern fordern Sie ihn nochmals auf mit „Bring Schuh".

Mein Hund brachte mir zwei Schuhe ... von verschiedenen Paaren!
Man kann eben nicht alles haben – entweder sind Sie zufrieden mit dem, was Sie haben, oder Sie räumen besser auf!

1 Ihr Hund soll Ihnen den Hausschuh bringen.

2 Stellen Sie den Hausschuh in ein anderes Zimmer.

3 Wiederholen Sie die Übung mit einem anderen Schuh.

Hol deine Leine

Lernziel

Ihr Hund holt seine Leine von ihrem Platz, entweder auf Kommando oder jedes Mal, wenn er raus möchte.

1 Machen Sie Ihren Hund mit dem Wort „Leine" vertraut, indem Sie es jedes Mal verwenden, wenn Sie ihn anleinen. Werfen Sie die Leine spielerisch und geben Sie das Kommando „**Bring Leine**" (Seite 24). Machen Sie den Metall-karabiner fest, damit ihn sich Ihr Hund nicht vor lauter Begeisterung an den Kopf schlägt! Es ist keine so gute Idee, den Karabiner in die Halteschlaufe einzuhängen, da sich der Hund in der so entstandenen Leinenschlinge verfangen kann.

Hörzeichen
Hol deine Leine

2 Hängen Sie nun die Leine an ihren üblichen Platz, z. B. an einen Haken neben der Tür. Zeigen Sie darauf und geben Sie Ihrem Hund das Kommando „Hol deine Leine!" Die Leine vom Haken loszumachen kann etwas diffizil sein – helfen Sie etwas nach, wenn Ihr Hund sich dabei schwertut. Belohnen Sie Ihren Hund, indem Sie sofort die Leine ans Halsband einhängen und einen Spaziergang mit ihm machen. Bei diesem Trick ist die Belohnung ein Spaziergang anstatt ein Leckerchen. Stellen Sie diese Verknüpfung von Anfang an her.

3 Wenn Sie das nächste Mal spazieren gehen möchten, wecken Sie seine Vorfreude auf einen Spaziergang und lassen ihn dann die Leine holen, bevor Sie losgehen.

Das können Sie erwarten: Seien Sie nicht überrascht, wenn Ihr Hund Sie beim Fernsehen unterbricht, indem er Ihnen die Leine in den Schoß fallen lässt! Diese Art und Weise, Ihnen seine Wünsche mitzuteilen, übertrifft bei weitem Bellen und Türkratzen. Versuchen Sie also, seine Höflichkeit so oft wie möglich mit einem Spaziergang zu belohnen.

Voraussetzungen
Bring (Seite 24)

Hilfe, es klappt nicht

Manchmal bleibt die Leine am Haken hängen.
Ein aufgeregter Hund kann unter Umständen den ganzen Haken aus der Wand ziehen! Ein gerader Haken ist besser geeignet.

Aufbauübungen Verwenden Sie die Leine zum Erlernen der Übung **Gassigehen** (Seite 38).

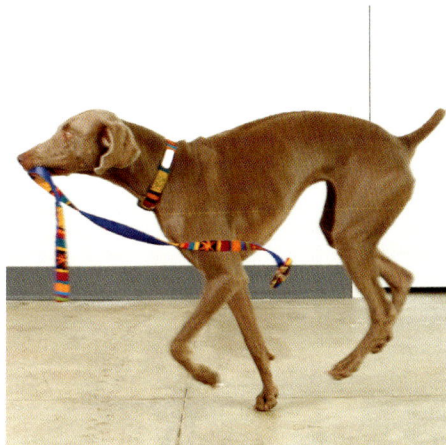

1 Machen Sie Ihren Hund mit dem Wort „Leine" vertraut.

2 Lassen Sie Ihren Hund die Leine von ihrem üblichen Platz holen.

Belohnen Sie Ihren Hund, indem Sie mit ihm spazieren gehen.

Gassigehen

Voraussetzungen

Nimm's (Seite 24)
Fuß (Seite 160)

Hilfe, es klappt nicht

Mein Hund lässt die Leine fallen, wenn es ihn langweilt.
Rufen Sie Ihren Hund ins Fuß zurück und lassen Sie ihn die Leine wieder aufnehmen. Er darf die Leine nur auf Ihr Kommando hin fallen lassen.

Meine Hunde werden aggressiv, wenn ich einen davon auffordere, die Leine des anderen zu halten.
Vermeiden Sie unbedingt eine solche Situation, wenn Ihrer Meinung nach daraus Aggressionen entstehen könnten.

Aufbauübungen Üben Sie **Briefträger** (Seite 76) ein – damit können Sie diesen Trick variieren, indem Sie Ihren Hund zum Zusteller ausbilden!

Tipp Achten Sie darauf, dass die Leine keine Ösen hat, an denen Ihr Hund sich die Zähne anschlagen kann. Eine flache, geflochtene Lederleine eignet sich am besten.

„Ich ziehe immer an der Leine, wenn ich spazieren gehe. Manchmal sagen andere Leute meinem Frauchen, dass sie mit mir doch in die Hundeschule gehen soll."

Lernziel

Dieser hinreißende Trick erfüllt keinen bestimmten Zweck, ist dafür aber umso witziger. Die meisten Leute werden mit Sicherheit zwei Mal hinschauen, wenn Ihr pflichtbewusster Vierbeiner sich selber Gassi führt. Ihr angeleinter Hund trägt das Schlaufenende der Leine in seinem Maul. Das ist doch echt hundsgescheit!

1 Falten Sie die Leine Ihres Hundes zusammen und wickeln Sie einen Gummi darum. Geben Sie das Kommando „**Nimm's**" (Seite 24). Nehmen Sie ihm nach ein paar Sekunden die Leine aus dem Maul und belohnen Sie ihn.

Hörzeichen

Nimm's und Fuß

2 Üben Sie **Fußlaufen** (Seite 160), während er die zusammengefaltete Leine im Maul trägt.

3 Hängen Sie nun die Leine in sein Halsband ein und geben ihm nur das Schleifenende zum Tragen. Lassen Sie ihn das Leinenende aufnehmen und neben Ihnen Fuß laufen. Er führt sich selbst Gassi!

4 Machen Sie die Leine an einem anderen befreundeten Hund fest und lassen Sie Ihren Hund das Leinenende ins Maul nehmen.

Das können Sie erwarten: Hunde, die „Nimm's" gut beherrschen, werden diesen Trick schnell begreifen. Die Schwierigkeit liegt darin, dass Ihr Hund über einen längeren Zeitraum die Leine tragen soll, auch wenn überall verführerische Düfte locken. Ihr Hund wird die Freiheit, seine Leine selbst zu tragen, genießen und vielleicht sogar Ihre Grenzen testen, indem er versucht, Ihnen beim Laufen die Leine aus der Hand zu nehmen. Lassen Sie das nicht zu, er soll die Leine nur auf Kommando tragen – so lange, bis Sie ihn freigeben.

1 Falten Sie die Leine zusammen und lassen Sie sie mit „Nimm's" vom Hund aufnehmen.

2 Gehen Sie Fuß mit ihm, während er die Leine im Maul trägt.

3 Machen Sie die Leine an seinem Halsband fest und lassen ihn das Schlaufenende tragen.

4 Wenn Sie zwei Hunde haben, bringen Sie einem von beiden bei, den anderen Gassi zu führen – das geht natürlich auch mit einem Kinderspielzeug!

Zeitungsbote

Hilfe, es klappt nicht

Meine Zeitung ist nur gefaltet, nicht gerollt, und fällt auseinander, sobald mein Hund sie apportiert. Bringen Sie Ihrem Hund bei, dass er die Zeitung in der Mitte anfassen muss, sodass er sie relativ gefahrlos transportieren kann.

Ich habe Hundesabber auf der Titelseite! Hunde mit breiten Kiefern wie Bluthunde und Neufundländer gehen recht großzügig mit ihrem Speichel um! Gefällt Ihrem Hund diese Aufgabe, begleiten Sie ihn mit hinaus und wickeln Sie einen Teil der gestrigen Zeitung um die aktuelle Ausgabe. Die größte Speichelabsonderung erfolgt, während der Hund sich der Haustür nähert, also nehmen Sie ihm die Zeitung zügig ab!

Tipp Hat Ihr Hund erst einmal gelernt, die Zeitung zu holen, heben Sie sie nicht für ihn auf, wenn er sie fallen lässt. Das fällt jetzt in seine Zuständigkeit.

Lernziel

Ihr Hund lernt, die Zeitung von der Haustür nach drinnen oder aus dem Briefkasten zur Haustür zu bringen.

1 Rollen Sie einen Teil der Zeitung zusammen und wickeln Sie ein Gummi oder ein Abdeckband darum. Werfen Sie die Zeitung spielerisch ins Haus und geben das Kommando „**Bring**! (Seite 24) Hol die Zeitung!" Lassen Sie ihn die Zeitung weder schütteln noch zerreißen und belohnen Sie jeden erfolgreichen Apport.

2 Versuchen Sie es nun einmal draußen, indem Sie die Zeitung an die übliche Wurfstelle werfen, während Sie in der Nähe stehen.

3 Arbeiten Sie sich langsam rückwärts in Richtung Haus, sodass die Zeitung zwar immer auf derselben Stelle landet, Sie aber immer näher an Ihrer Haustür stehen. Geben Sie Ihrem Hund das Hörzeichen und belohnen Sie ihn mit einem Leckerchen oder Lob für den Apport der Zeitung.

4 Da Ihr Hund nun den Zeitungsapport beherrscht, erhöhen Sie den Schwierigkeitsgrad, indem Sie die Zeitung verstecken, so wie es im Prinzip der Zeitungsbote auch tut. Hat Ihr Briefkasten eine Klapptür, kann Ihr Hund mit **Mach auf** lernen, diese zu öffnen (Seite 73), mit **Mach zu**, sie zu schließen (Seite 70) und sogar die Briefflagge nach unten zu klappen (abgeleitet von **Mach das Licht aus**, Seite 68)!

Das können Sie erwarten: Die meisten Hunde tragen gerne Gegenstände im Maul herum und werden besonders diese tägliche Aufgabe wegen ihrer großen Wichtigkeit schätzen! Da Hunde die Angewohnheit haben, Gegenstände fallen zu lassen, sobald sie das Interesse daran verlieren, müssen Sie dem Hund konsequent beibringen, dass die Zeitung ein Gegenstand ist, der zuverlässig apportiert werden muss.

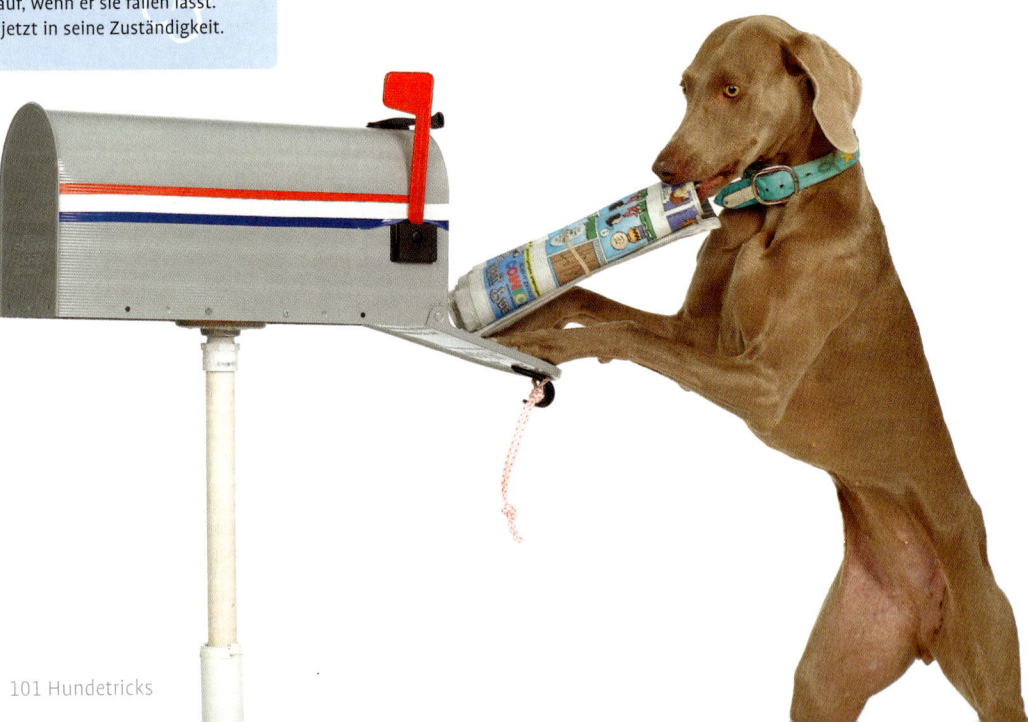

1 Wickeln Sie einen Gummi um die Zeitung und üben Sie den Apport.

2 Werfen Sie die Zeitung nach draußen, an die übliche Wurfstelle.

4 Zeigen Sie Ihrem Hund, wie man den Briefkasten öffnet,

die Zeitung herausnimmt,

die Tür schließt

und die Briefflagge nach unten klappt.

Beten

Lernziel

Beim Beten legt Ihr Hund seine Vorderpfoten auf die Bett- oder Stuhlkante, geht mit seinem Vorderkörper wie in einer Verbeugung nach unten und versteckt seinen Kopf zwischen seinen Vorderläufen.

1 Während Sie neben Ihrem Hund knien, geben Sie ihm das Kommando **Pfoten auf meinen Arm** (Seite 198). Belohnen Sie ihn mit dem Leckerchen. Geben Sie es ihm mit Ihrer anderen Hand, die Sie zwischen seine Vorderläufe halten, damit er seinen Kopf zum Leckerchen hinunterbeugen muss. Fangen Sie mit einer leichten Kopfverbeugung an und geben Sie ihm das Leckerchen nur, wenn er sich in der richtigen Position befindet – mit gebeugtem Kopf.

| Hörzeichen |
| Beten |
| Sichtzeichen |

2 Üben Sie das Ganze nun an einem Stuhl. Lassen Sie Ihren Hund seine Pfoten auflegen, geben Sie ihm das Stichwort „Beten" und halten Sie ein Leckerchen unterhalb seiner Vorderläufe bereit. Das Kommando „**Verbeugen**" (Seite 164) hilft ihm eventuell dabei, sich mit seinem Vorderkörper zu verbeugen.

3 Lassen Sie Ihren Hund mit zunehmendem Fortschritt ein paar Sekunden lang warten, bevor Sie ihm das Leckerchen aus Ihrer geschlossenen Faust geben. Im letzten Übungsabschnitt sollte Ihr Hund, wenn Sie auf den Stuhl zeigen und „Beten" sagen, so lange die Gebetshaltung einnehmen, bis Sie ihn freigeben.

Das können Sie erwarten: Bieten Sie die Belohnung immer weit unten an, nahe der Brust Ihres Hundes. Wird die Belohnung von oben angeboten, ist es eine Aufforderung für den Hund, erwartungsvoll nach oben zu spicken. Es dauert meist mehrere Wochen, in denen sich der Hund dreht und windet, bevor er den Trick versteht.

Voraussetzungen
Pfoten auf meinen Arm (Seite 198)
Hilfreich: Verbeugen (Seite 164)

Hilfe, es klappt nicht
Mein Hund nimmt eine Pfote vom Stuhl, wenn ich ihm das Leckerchen anbiete.
Halten Sie ihm das Leckerchen dichter an die Nase und nicht ganz so weit unten. Ihr Arm sollte von unten kommen.

Aufbauübungen Lassen Sie Ihre Fantasie spielen – bringen Sie Ihrem Vierbeiner das Hundegebet bei und geben Sie ihn mit „Amen" frei.

Tipp Stellen Sie für diese Übung sicher, dass die Wirbelsäule Ihres Hundes gesund ist.

1 Hat Ihr Hund seine Pfoten auf Ihren Arm gelegt, bieten Sie ihm von unten ein Leckerchen an.

2 Übertragen Sie dieses Verhalten auf einen Stuhl.

Boxenstopp

Lernziel

Ihr Hund geht auf das Kommando „**In die Box**" in seine Kiste.

Hörzeichen

In die Box

1 Eine Box bietet Ihrem Hund eine Höhle, in der er sich instinktiv sicher fühlt. Diese Hunde-Box ist sein ganz persönlicher Platz, an dem er in Ruhe gelassen werden soll. Decken oder eine Abdeckung machen den Platz gemütlich und bequem.

2 Lassen Sie Ihren Hund eine neue Box allein erforschen. Ein paar Leckerchen in der Box bringen ihn dazu, diese näher zu untersuchen. Sobald er sich in der Box befindet, werfen Sie weitere Leckerchen hinein und sagen „In die Box". Loben Sie ihn ausgiebig.

3 Wenn er erst einmal das Kommando erwartet, sagen Sie zu ihm „In die Box", aber ohne ein Leckerchen hineinzuwerfen. Geht er in die Box, loben Sie ihn sofort und geben ihm ein Leckerchen. Denken Sie daran, das Leckerchen zu geben, solange er in der Box ist, da dies das Verhalten ist, das Sie verstärken möchten.

Das können Sie erwarten: Als Teil des täglichen „Zubettgehrituals" wird sich Ihr Hund auf die Box und sein Betthupferl freuen.

Hilfe, es klappt nicht

Ich habe eine Box im Haus und eine im Auto. Soll ich unterschiedliche Kommandos dafür benutzen?
Nein, Hunde sind schlau. Sie verstehen, dass „Box" für alle ihre Boxen gilt.

Tipp Schmackhafte Leckerchen können – statt langweiligem Trockenfutter – auch erbsengroße Wurst- oder Käsestückchen sein.

„Ich liebe meine Box. Nach einem langen Tag rolle ich mich einfach darin zusammen und denke nach."

2 Werfen Sie ein Leckerchen in seine Box.

3 Geben Sie das Kommando und dann die Belohnung.

Machen Sie daraus ein Zubettgehritual.

Trag meine Tasche

Voraussetzungen

Nimm's (Seite 24)

Hilfe, es klappt nicht

Mein Hund nimmt die Tasche nicht oder lässt sie gleich wieder fallen.
Nimmt Ihr Hund aber andere Gegenstände auf, liegt es eventuell an dieser speziellen Tasche. Hunde verweigern manche Materialien wie Metall oder Schmuck und Gerüche wie Parfüm und Zigaretten. Ledertaschen sind am besten.

Mein Hund lässt beim Laufen manchmal die Tasche fallen.
Sobald Ihr Hund einmal mit der Aufgabe, die Tasche zu tragen, betraut wurde, ist er dafür so lange verantwortlich, bis Sie sie zurücknehmen. Manchmal legt Ihr Hund die Tasche für einen Moment ab, um zu schlucken oder sich zu kratzen – bestehen Sie danach darauf, dass er Sie wieder aufnimmt.

Mein Hund kaut an der Tasche.
Viele Jagdhunde sind bekannt für ihr weiches Maul, während andere Rassen eher zum Kauen neigen. Wahrscheinlich werden Sie mit jedem Hund den einen oder anderen Zahnabdruck auf Ihrer Tasche erhalten. Sehen Sie's als „Charakterstärke!"

Mein Hund versucht, die Leckerchen selbst aus der Tasche zu bekommen.
Die Leckerchen dürfen nicht zugänglich sein. Versuchen Sie es mit einer Tasche mit Reißverschluss.

Tipp Hunde wissen genau, welche Dinge für Sie wichtig sind: Tasche, Geldbeutel, Handy, Autoschlüssel. Sie genießen die Verantwortung, diese Dinge zu tragen.

Lernziel

Ihr kleiner Helfer trägt beim Gehen Ihre Tasche.

1 Knoten Sie zu Beginn die Henkel Ihrer Tasche zusammen, damit sich Ihr Hund darin nicht verfängt. Legen Sie ein paar Leckerchen hinein und machen Sie die Tasche zu.

Hörzeichen

Tragen

2 Geben Sie die Tasche Ihrem Hund mit dem Kommando **Nimm's** (Seite 24).

3 Gehen Sie ein paar Schritte, während Sie „Tragen" sagen und klopfen Sie sich ans Bein, um anzudeuten, dass er mitkommen soll. Lässt er die Tasche fallen, heben Sie sie nicht auf, sondern zeigen darauf und fordern ihn erneut auf mit „Nimm's". Ihr Hund sollte Ihnen die Tasche immer nur in die Hand geben und nicht einfach auf den Boden fallen lassen.

4 Loben Sie Ihren Hund, wenn Sie die Tasche entgegennehmen und geben Sie ihm ein Leckerchen aus der Tasche. Sobald er merkt, dass in der Tasche Leckerchen sind, wird er sie nicht so schnell fallen lassen, wenn es ihm langweilig wird.

Das können Sie erwarten: Manche Rassen tragen von Natur aus gerne Gegenstände mit sich herum und werden höchstwahrscheinlich bereits innerhalb kürzester Zeit Ihre Tasche tragen.

„Manchmal darf ich die Auto-schlüssel tragen. Dann kann ich die Alarmanlage auslösen, wenn ich auf die richtige Stelle am Schlüsselanhänger beiße."

1 Legen Sie eine Handvoll Leckerchen in Ihre Tasche.

2 Lassen Sie Ihren Hund die Tasche nehmen.

3 Klopfen Sie sich ans Bein, damit der Hund mit Ihnen mitkommt.

4 Nehmen Sie ein Leckerchen aus Ihrer Tasche und belohnen Ihren Hund.

Räum dein Spielzeug auf

Lernziel

Beim Aufräumen öffnet Ihr Hund den Deckel seiner Spielzeugkiste, legt sein Spielzeug hinein und schließt den Deckel wieder. Bringen Sie ihm zuerst bei, sein Spielzeug in die Kiste zu legen und erweitern Sie später das Kunststück, indem Sie ihm beibringen, den Deckel auf- und zuzumachen.

Spielzeug einräumen

Hörzeichen

Aufräumen

1 Verteilen Sie ein paar Plüschspielzeuge im Zimmer und geben Sie Ihrem Hund das Kommando **Bring** (Seite 24).

2 Kommt Ihr Hund mit einem Spielzeug zurück, bieten Sie ihm ein Leckerchen an, das Sie ein paar Zentimeter über die offene Kiste halten. In dem Moment, wo er das Maul öffnet, um das Leckerchen zu bekommen, fällt das Spielzeug hoffentlich direkt in die Kiste. Loben Sie ihn für diesen Erfolg!

3 Stellen Sie sich mit zunehmendem Fortschritt hinter die Spielzeugkiste und halten Sie das Leckerchen versteckt. Kommt Ihr Hund mit einem Spielzeug zurück, zeigen Sie auf die Spielzeugkiste und fordern ihn mit **Aus** zum Fallenlassen auf (Seite 26). Belohnen Sie anfangs jedes einzelne erfolgreiche Fallenlassen in die Kiste. Später muss der Hund mehrere Spielzeuge fallenlassen, bevor er belohnt wird!

Den Deckel aufmachen

1 Befestigen Sie ein dickes Seil mit Knoten am Kistendeckel an der Kante, die der Öffnung am nächsten ist. Das Seil sollte lang genug sein, damit Ihr Hund, wenn er von hinten daran zieht, nicht vom Deckel getroffen wird.

2 Setzen Sie Ihren Hund hinter die Spielzeugkiste und fordern Sie ihn auf, **am Seil zu ziehen** (Seite 73). Belohnen Sie anfangs jeden Zug am Seil. Mit zunehmendem Fortschritt sollte er den Deckel vollständig aufziehen.

Den Deckel zumachen

1 Knien Sie nieder und halten Sie den Deckel senkrecht nach oben. Dann ermuntern Sie Ihren Hund, ihn mit der Nase anzustupsen oder ihn zu pföteln. Tut er dies, lassen Sie den Deckel zufallen und belohnen ihn. Legen Sie ein Geschirrtuch über die Kante der Spielzeugkiste, damit der Deckel nicht laut zuschlägt.

2 Im nächsten Schritt öffnen Sie den Deckel vollständig und geben Ihrem Hund das Kommando „Mach zu". Er wird verschiedene Verhaltensweisen ausprobieren, mit der Nase anstupsen, daran pföteln oder am Seil ziehen. Helfen Sie ihm, erfolgreich zu sein, indem Sie den Deckel ein paar Zentimeter anheben und ihn ermutigen, seine Nase darunter zu schieben.

Das können Sie erwarten: Haben Sie Ihrem Hund alle drei Lernschritte beigebracht, üben Sie diese jetzt in Folge: den Deckel aufmachen, das Spielzeug aufräumen, den Deckel zumachen. Nehmen Sie diesen Trick zu den täglichen Aufgaben Ihres Hundes hinzu und Ihre Nachbarn werden vor Neid erblassen!

„Zuerst räume ich immer meine Stofftiere auf und mein Gummihühnchen am Schluss. Ich weiß auch nicht warum, ich mach's halt so."

Voraussetzungen

Am Seil ziehen (Seite 73)
Bring (Seite 24)
Aus (Seite 26)

Hilfe, es klappt nicht

Manchmal ist mein Hund verwirrt und nimmt Spielzeug aus der Kiste!
Ihr Hund möchte Ihnen unbedingt gefallen! „Hoppla!" macht Ihren Hund darauf aufmerksam, dass er einen Fehler gemacht hat.

Mein Hund möchte mit dem Spielzeug spielen und es nicht fallen lassen.
Arbeiten Sie mit weniger interessantem Spielzeug.

Das Spielzeug aufräumen

1 Lassen Sie Ihren Hund ein Spielzeug bringen.

2 Bieten Sie ihm über der offenen Spielzeugkiste ein Leckerchen an.

Den Deckel aufmachen

2 Fordern Sie Ihren Hund auf, am Seil zu ziehen.

Bestehen Sie darauf, dass er den Deckel ganz aufzieht.

Den Deckel zumachen

1 Halten Sie den Deckel senkrecht nach oben und lassen Sie ihn von Ihrem Hund mit der Pfote zumachen.

2 Machen Sie den Deckel ganz auf, damit Ihr Hund seine Nase benutzen muss, um ihn zu schließen.

In eine Decke einwickeln

Hilfe, es klappt nicht

Mein Hund nimmt die Decke nicht auf.
Wahrscheinlich haben Sie ihn noch nie
angewiesen, sie aus dem Platz heraus
aufzunehmen. Beginnen Sie damit im
Stehen, lassen Sie ihn die Decke im
Stehen nehmen und halten Sie sie fest,
während er sich ablegt.

Aufbauübungen Üben Sie **Beten** (Seite 42)
und **Zum Abschied winken** (Seite 202) ein,
sodass Ihr Hund zuerst betet, winkt
und sich dann in seine Decke einwickelt –
die Lacher sind garantiert.

Tipp Üben Sie **Nimm's, Drehen**
oder **Nimm's, Platz**, während Ihr
Hund etwas im Maul hält. Bedenken
siehe Übung **Rolle.**

Lernziel

Ihr Hund nimmt seine Decke ins Maul, macht eine Rolle und wickelt sich
dabei in seine Decke ein. Die Übung ist zu Ende, sobald er seinen Kopf
hinlegt und „schläft".

1 Suchen Sie eine Decke aus, die ungefähr
doppelt so lang wie Ihr Hund ist. Achten Sie
darauf, in welche Richtung sich Ihr Hund
meistens rollt. Rollt er auf seine linke Schulter,
positionieren Sie sich ihm gegenüber und geben
ihm das Kommando **Platz** (Seite 16). Dabei
sollte der Hund so auf der Decke liegen, dass
der größte Teil der Decke links von ihm liegt.
Raffen Sie die Decke in Kopfnähe etwas
zusammen, damit er sie leichter packen kann.

Hörzeichen
Gute Nacht, schlaf gut
Sichtzeichen

2 Heben Sie einen Zipfel der Decke an und geben Sie das Kommando
Nimm's (Seite 24). Loben und belohnen Sie ihn umgehend, sobald er die
Decke ins Maul nimmt. Belohnen Sie ihn aber nur dann, wenn Sie es sind,
die ihm die Decke wieder abnimmt und nicht, wenn er sie von alleine
fallen lässt. Ermuntern Sie ihn, liegen zu bleiben, während er belohnt wird.

3 Ist Ihr Hund in der Lage, die Decke zu nehmen und zu halten, geben Sie
das Kommando **Rolle** (Seite 31). Häufig lassen Hunde den Gegenstand in
ihrem Maul los, wenn das Kommando Rolle ertönt. Sollte dies passieren,
ignorieren Sie es einfach – und bringen Sie Ihren Hund wieder in die Ausgangsposition und versuchen Sie es erneut.

4 Hat der Hund eine **Rolle** mit der Decke in seinem Maul gemacht, geben
Sie das Kommando **Kopf runter** (Seite 56).

Das können Sie erwarten: Dieser Trick sieht nur so einfach aus – aber
Ihr Hund muss jeden einzelnen Schritt exakt ausführen, um sich einzu-
wickeln. Geben Sie mit zunehmendem Fortschritt Ihres Hundes das
Hörzeichen „Gute Nacht" am Anfang des Tricks und danach jedes einzelne
Kommando. Mit der Zeit können Sie die Einzelkommandos weglassen.

„Ich habe einen Freund
nebenan. Er heißt Bear,
trägt kein Halsband und darf
draußen schlafen."

2 Geben Sie Ihrem Hund im Platz auf der Decke das Kommando „Nimm's".

3 Lassen Sie ihn eine Rolle machen, während er die Decke festhält.

Er sollte während der gesamten Rolle die Decke festhalten.

4 Kopf runter bildet den Abschluss des Kunststücks.

Kapitel 4

Nur Unsinn im Sinn

Lachen Sie und Ihr Hund lacht auch ... selbst wenn er der Gegenstand der Erheiterung ist! Dass der Hund so unbekümmert herumalbern und Blödsinn machen kann, ist doch genau das, was wir am Zusammenleben mit ihm so lieben. Gehorsam ist wichtig für ein erfolgreiches Zusammenleben mit dem Hund, alberne Tricks sind wichtig für eine gute Beziehung im Hund-Mensch-Team.

Soll sich Ihr Hund gut benehmen und Ihre Kommandos befolgen, dann gehen Sie zum Gehorsamstraining. Möchten Sie aber, dass Ihr Hund auf die Hupe drückt, Klavier spielt, aus Ihren Taschen stibitzt und seinen Kopf unter einem Kissen versteckt, dann sind Sie in diesem Kapitel richtig! Das Publikum wird sich biegen vor Lachen, wenn Ihr schelmischer Vierbeiner es mit seinen Possen unterhält!

Obwohl diese Tricks wie der pure Blödsinn aussehen, beruhen Sie auf grundsoliden Übungsmethoden, die sich die Intelligenz und Koordinationsfähigkeit Ihres Hundes zunutze machen. Viel Spaß mit Ihrem vierbeinigen Clown!

 mittel

Hupkonzert

Lernziel
Ihr Hund beißt in den Gummiball einer Tröte.

1 Fordern Sie Ihren Hund zum Spiel mit einem seiner Lieblings-Quietschis auf. Sagen Sie „Quiek!" und loben Sie ihn, wenn er das Spielzeug zum Quietschen bringt.

Hörzeichen
Quiek

2 Halten Sie ihm das Quietschi diesmal spielerisch hin, während Sie ihn auffordern, es zum Quietschen zu bringen. Halten Sie das Spielzeug in der einen Hand und belohnen ihn mit der anderen, wenn er das Spielzeug zum Quietschen bringt.

3 Halten Sie ihm im weiteren Verlauf der Übungseinheit den Teil der Tröte mit dem Gummiball hin anstelle des Quietschis. Sprechen Sie in animierendem Tonfall mit Ihrem Hund, während Sie ihn auffordern. Sobald er auch nur einen Ton auf der Tröte hervorbringt, geben Sie ihm sofort ein Leckerchen.

Das können Sie erwarten: Ist Ihr Hund ein begeisterter Quietschi-Fan, kann er diesen Trick innerhalb kürzester Zeit erlernen. Der Trick eignet sich hervorragend dazu, die Kinder zu wecken oder immer dann, wenn es zu Hause zu leise ist!

1 Sagen Sie „Quiek", sobald Ihr Hund einen Quietschton auslöst.

2 Halten Sie sein Spielzeug und fordern Sie ihn mit „Quiek!" dazu auf, ins Spielzeug zu beißen.

Hilfe, es klappt nicht

Mein Hund drückt die Tröte nicht stark genug, damit ein Ton herauskommt. Die Tröte ist aus festerem Material als ein Quietschi, daher müssen Sie anfangs etwas schummeln und mit dem Daumen auf die Tröte drücken, während Ihr Hund sie im Maul hält. Er wird schnell lernen, dass der Hupton das Ziel ist.

Tipp Manche Lebensmittel können für Hunde giftig sein und eignen sich nicht als Leckerchen: Schokolade, Zwiebeln, Macadamianuss, Rosinen, Trauben, Kartoffelschalen, Tomatenblätter, -stängel, Truthahnhaut.

3 Helfen Sie mit dem Daumen nach, auf die Tröte zu drücken.

Kuckuck!

Lernziel

Beim Kuckuck guckt Ihr Hund zwischen Ihren Beinen hervor.

1 Stellen Sie sich mit dem Rücken zu Ihrem Hund, die Beine gegrätscht.

2 Locken Sie Ihren Hund mit einem Leckerchen nach vorne durch Ihre Beine, bis er zwischen Ihren Beinen steht.

3 Lassen Sie Ihren Hund an dem Leckerchen in Ihrer Hand knabbern. Loben Sie ihn und versuchen Sie, ihn kurz in dieser Position zu halten.

Das können Sie erwarten: Üben Sie einige Male täglich und Ihr Hund dürfte innerhalb kürzester Zeit diesen Trick begreifen. Seien Sie nicht überrascht, wenn er diesen Trick am liebsten einsetzt, um Ihre Aufmerksamkeit zu erregen!

Hörzeichen
Kuckuck!
Sichtzeichen

Hilfe, es klappt nicht

Mein Hund beißt mir in die Hand, während ich ihn am Leckerchen knabbern lasse.
Gehen Sie dieses Problem separat an. Sagen Sie „langsam" zu Ihrem Hund, während Sie ihm das Leckerchen geben. Ist er zu grob, sagen Sie „Autsch!" und brechen Sie die Übung ab. So wird Ihr Hund merken, dass das lustige Spiel immer dann zu Ende ist, wenn er zu grob war.

Mein Hund hat Angst, zwischen meinen Beinen zu stehen.
Diese Übung erfordert natürlich Vertrauen von Seiten des Hundes. Zwingen Sie ihn nicht dazu – lassen Sie ihm genug Spielraum, sich zurückzuziehen, und bleiben Sie geduldig.

Mein Hund ist sehr klein.
Knien Sie sich hin, die Knie auseinander, damit Ihr Hund durch diese kleinere Lücke Kuckuck machen kann.

„Einmal hab' ich Kuckuck mit dem Lieferanten gemacht, aber der meinte, ich sollte ihn erst zum Essen einladen."

Aufbauübungen Sobald Sie **Kuckuck** beherrschen, können Sie den **Beinslalom** (Seite 170) und die **Parade** (Seite 176) darauf aufbauen.

Tipp Sparen Sie sich das Wort „Nein" für Situationen auf, in denen Ihr Hund ungezogen ist. Geben Sie ihm entweder positives oder gar kein Feedback, wenn Sie einen neuen Trick einüben.

2 Stehen Sie mit dem Rücken zum Hund und zeigen ihm durch Ihre Beine ein Leckerchen.

Locken Sie ihn durch Ihre Beine.

3 Lassen Sie ihn in dieser Position verharren, indem Sie ihn an dem Leckerchen knabbern lassen.

Verlängern Sie die Zeitspanne, die er zwischen Ihren Beinen steht, bevor Sie ihn belohnen.

Liegestütze

Lernziel

Mit allen vier Pfoten fest auf dem Boden macht Ihr Hund **Liegestütze**, indem er sich abwechselnd hinlegt und aufsteht. Zeit also, aus einem Stubenhocker einen flotten Feger zu machen – und hoch und runter und hoch und runter …

1 Fordern Sie Ihren Hund im **Platz** (Seite 16) auf, aufzustehen, während Sie ihn mit einem Leckerchen nach oben und vorwärts locken. Sobald er aufsteht, loben Sie ihn und geben ihm das Leckerchen.

2 Reagiert Ihr Hund nicht auf die Futterbelohnung, schieben Sie vorsichtig einen Fuß unter seinen Bauch. Belohnen Sie ihn für's Aufstehen.

3 Stellen Sie sich direkt vor Ihren Hund und geben Sie abwechselnd die Kommandos **Steh** und **Platz**, damit er Liegestütze macht. Verwenden Sie sowohl das Sicht- als auch das Hörzeichen, und zwar bei jedem Kommando.

Das können Sie erwarten: Steigern Sie allmählich die Anzahl der Liegestützen, bevor Sie Ihren Hund belohnen. Mit sicherer Beherrschung des **Platz** kann Ihr Hund innerhalb kurzer Zeit Liegestütze wie ein Profi machen!

Hörzeichen
Platz, Steh

Sichtzeichen

Voraussetzungen
Platz (Seite 16)

Hilfe, es klappt nicht

Mein Hund kriecht jedes Mal nach vorn, wenn er Liegestütze machen soll.
Bei einem perfekten Liegestütz bewegt Ihr Hund seine Pfoten so gut wie gar nicht. In derselben Stellung wieder nach unten zu gehen, nennt man auch ein „symmetrisches" Platz. Diese Körperbewegung können Sie üben, indem Sie ein Hindernis unmittelbar vor Ihrem Hund aufstellen.

Tipp Mit einer Gürteltasche für Leckerchen haben Sie die Belohnung immer gleich griffbereit.

„Meine Lieblingsleckerchen sind unter anderem Würstchen, Käse, Karotten und gekochte Nudeln."

2 Bringen Sie Ihren Hund aus dem Platz ins Steh, entweder mit Leckerchen oder durch leichtes Anschieben.

3 Sobald Ihr Hund auf Kommando stehen kann, lassen Sie ihn abwechselnd ins Platz ...

und ins Steh gehen,

um Hundeliegestütze zu üben!

Schäm' dich

„Da ich NIE etwas anstelle, muss ich mich eigentlich auch nie schämen."

Lernziel

Ihr Hund versteckt seinen Kopf unter einer Decke oder einem Kissen und „schämt sich".

Hörzeichen
Schäm' dich
Sichtzeichen

1 Verwenden Sie ein an den Stuhl oder das Sofa festgebundenes Sitzkissen, zeigen Ihrem Hund ein Leckerchen und legen es vorne unter das Kissen. Fordern Sie ihn mit „Hol's" auf, es zu holen.

2 Legen Sie das Leckerchen allmählich immer weiter nach hinten unter das Kissen, sodass Ihr Hund den ganzen Kopf drunterstecken muss, um an das Leckerchen zu kommen. Verwenden Sie das neue Hörzeichen.

3 Geben Sie im weiteren Verlauf der Übungseinheit dem Hund dasselbe Kommando, jedoch ohne Leckerchen unter dem Kissen. Wenn Ihr Hund unter dem Kissen nach dem vermeintlichen Leckerchen sucht, geben Sie ihm ein Leckerchen unter dem Kissen. Mit zunehmendem Fortschritt halten Sie das Leckerchen kurz in Ihrer Faust und fordern ihn mit „Warten" auf, zu verharren, bevor Sie es ihm geben.

4 Lassen Sie Ihren Hund seinen Kopf einige Sekunden lang unter das Kissen stecken, bevor Sie ihm das Leckerchen unter dem Kissen geben.

Das können Sie erwarten: Bei diesem Trick ist es besonders wichtig, den Hund dann zu belohnen, wenn er in der richtigen Position ist. Wird er belohnt, wenn sein Kopf nicht unter dem Kissen steckt, wird er sich angewöhnen, den Kopf zu früh hervorzuziehen, um nach seinem Leckerchen zu suchen. Außerdem sollten Sie am besten hinter dem Stuhl stehen, damit Ihr Hund nicht in Versuchung gerät, seinen Kopf hervorzuziehen und nach Ihnen zu schauen.

1 Legen Sie ein Leckerchen unter das Kissen.

2 Legen Sie das Leckerchen weiter nach hinten unter das Kissen.

3 Stellen Sie sich hinter den Stuhl und belohnen Sie Ihren Hund von dort, während er unter dem Kissen schnüffelt.

4 Lassen Sie den Hund auf seine Belohnung warten.

Jetzt kann sich Ihr Hund auf Kommando schämen!

Hinkebein

Lernziel

Bei **Hinkebein** hebt Ihr Hund die Vorderpfote, während er auf den anderen drei Pfoten hüpft. Diese bemitleidenswerte Vorstellung kann entweder ein Würstchen oder sogar eine heiße Verabredung einbringen!

1 Stellen Sie sich Ihrem angeleinten Hund gegenüber und führen Sie das freie Ende der Leine unter seinem Karpalgelenk durch. So heben Sie das Bein an.

Hörzeichen
Hinkebein
Sichtzeichen

2 Fordern Sie Ihren Hund mit dem Kommando „Auf geht's, Hinkebein" auf, zu Ihnen zu kommen. Loben und belohnen Sie ihn, auch wenn er mit seinem freien Vorderfuß nur einen Schritt macht. Lassen Sie Ihren Hund zwischen den einzelnen Versuchen ausruhen.

3 Lockern Sie die Leine und arbeiten Sie nicht mit dauerhaftem Zug, um das Fußgelenk hochzuhalten. Lassen Sie ihn jetzt ein paar Schritte gehen, bevor Sie ihn belohnen.

4 Machen Sie eine Stoffschlinge und führen Sie diese so durch das Halsband des Hundes, dass sie sein Fußgelenk oben hält. Clevere Hunde finden heraus, dass sie einfach nur den Kopf nach unten halten müssen, um da rauszukommen. Daher müssen Sie die volle Aufmerksamkeit des Hundes halten, während Sie ihn mit einem Leckerchen nach vorne locken. Sie möchten, dass Ihr Hund Erfolg hat – verlangen Sie daher von ihm nur eine Distanz, die er auch tatsächlich bewältigen kann.

Das können Sie erwarten: Dieser Trick ist sowohl physisch wie psychisch anstrengend für Ihren Hund. Er muss sich konzentrieren und daran denken, die eine Pfote hoch zu halten. Wie immer, wenn Sie körperlich auf Ihren Hund einwirken, gehen Sie dabei behutsam und beruhigend vor, um ihn nicht einzuschüchtern. Bei diesem Trick kann es Monate dauern, bis er sitzt.

„Wenn Frauchen mich streicheln soll, dann hinke ich auch mal ohne Kommando …"

1 Führen Sie die Leine unter seiner Vorderpfote durch.

2 Belohnen Sie den Hund, wenn er mit seiner freien Vorderpfote einen Schritt macht.

3 Bald klappen schon zwei Schritte.

4 Belohnen Sie Ihren Hund immer ausgiebig.

Taschendieb

Voraussetzungen
Nimm's (Seite 24)

Hilfe, es klappt nicht

Wenn ich das Leckerchen in meiner rechten Hand über dem Boden halte, interessiert sich mein Hund nur für die Hand.
Verwenden Sie eine Gürteltasche für Leckerchen oder halten Sie das Leckerchen in Ihrem Mund, damit es jederzeit griffbereit ist.

Mein Hund ist zu klein, um auf seiner Hinterhand mein Steißbein zu erreichen
Kleine Hunde können bei diesem Trick eigentlich am niedlichsten sein. Anstatt Sie nur von hinten zu schubsen, können sie lernen, mit allen Vieren gegen Ihr Hinterteil zu springen!

Tipp Sprechen Sie mit Ihrem Hund. Er versteht den Tonfall Ihrer Stimme – auch wenn Sie ihm den Rücken zuwenden – und Ihre Körpersprache.

Lernziel

Wenn Sie sich vorbeugen, um (angeblich) Ihre Kappe aufzuheben, zieht Ihr Hund Ihnen ein Halstuch aus der Hosentasche und wirft Sie dabei um.

1 Beugen Sie sich mit dem Rücken zu Ihrem Hund gewandt nach vorne. Halten Sie in Ihrer linken Hand ein Leckerchen auf Höhe Ihres Steißbeins. Ermuntern Sie Ihren Hund, sich aufzustellen und das Leckerchen zu nehmen, indem Sie das Kommando „Tasche!" geben.

Hörzeichen
Tasche

2 Beherrscht Ihr Hund diesen Schritt, beugen Sie sich nach vorn und fassen Sie mit Ihrer rechten Hand nach dem Boden, während Sie mit Ihrer linken Hand dem Hund das Leckerchen auf Höhe Ihres Steißbeins anbieten.

3 Jetzt nehmen Sie das Leckerchen in die rechte anstatt in die linke Hand. Sobald Ihr Hund seine Pfoten auf Ihr Steißbein aufsetzt, machen Sie einen Purzelbaum nach vorne und geben danach Ihrem Hund in einer Rückwärtsbewegung das Leckerchen mit Ihrer rechten Hand. Üben Sie mit Socken und achten Sie darauf, dabei nicht Ihren Hund zu treten.

4 Nehmen Sie nun noch das Tuch dazu, stecken es sich in Ihre hintere Hosentasche und fordern Ihren Hund mit **„Nimm's"** (Seite 24) auf, es herauszuziehen.

Das können Sie erwarten: Bei diesem Trick liegt die Schwierigkeit darin, die Vorstellung glaubhaft zu vermitteln, ohne ersichtliche Kommandos. Die einzelnen Lernschritte jedoch können innerhalb nur weniger Wochen erlernt werden.

1 Beugen Sie sich nach vorn und bieten sie auf Höhe Ihres Steißbeins mit Ihrer linken Hand ein Leckerchen an.

2 Fassen Sie mit Ihrer rechten Hand nach unten, während Sie in der linken das Leckerchen halten.

3 Jetzt nehmen Sie das Leckerchen in die rechte Hand, während Sie nach unten fassen.

Machen Sie einen Purzelbaum nach vorne.

Achten Sie darauf, Ihren Hund dabei nicht zu treten.

Geben Sie ihm das Leckerchen, indem Sie Ihre rechte Hand nach hinten ausstrecken.

4 Verwenden Sie das Kommando „Nimm's" für das Tuch in Ihrer Tasche.

Klavier spielen

Voraussetzungen

Hilfreich: Gib Pfote (Seite 22)

Hilfe, es klappt nicht

Mein Hund kratzt am Klavier.
Belohnen Sie das Kratzen nicht. Beruhigen Sie Ihren Hund, indem Sie mit ruhiger Stimme „langsam" sagen. Gehen Sie zu dem Schritt zurück, wo Sie die Unterseite jeder Pfote antippen, um das Anheben derselben zu betonen.

Mein Hund trifft manchmal die Tasten nicht.
Haben Sie Geduld und locken Sie ihn immer wieder in die richtige Position, so wird es irgendwann klappen.

Aufbauübungen Üben Sie die **Rolle** (Seite 31) ein, damit Ihr Hund das Lied mit einer schwungvollen Rolle auf den Tasten beendet!

Tipp Wenn Sie ungeduldig werden, beenden Sie die Übungsstunde positiv und versuchen Sie es später erneut.

„Ich habe mein eigenes Bett. Da steht mein Name drauf. Manchmal schläft Mieze darin und dann stinkt es."

Lernziel

Ihr Hund spielt auf einem richtigen Klavier oder einem Spielzeugklavier, indem er mit den Pfoten in die Tasten greift.

1 Setzen Sie sich hinter ein auf dem Boden liegendes Spielzeugklavier und locken Sie Ihren Hund mit einem Leckerchen von vorne auf Sie zu. Sobald er eine Pfote auf das Klavier setzt, geben Sie ihm sofort das Leckerchen und loben ihn. Achten Sie darauf, das Leckerchen zu geben, solange Ihr Hund noch auf dem Klavier steht.

Hörzeichen

Musik

2 Im nächsten Schritt soll Ihr Hund dazu gebracht werden, sich aufzurichten und seine Pfoten auf die Tasten zu setzen. Das erfordert exaktes Timing und Positionieren Ihrerseits. Bringen Sie ihn dazu, dass er beide Pfoten auf die Tasten setzt. Fordern Sie ihn auf, eine Pfote anzuheben, entweder durch das Kommando **„Pfote"** (Seite 22) oder indem sie die Unterseite seiner Pfote antippen. Belohnen Sie ihn, wenn er die Pfote wieder auf die Tasten setzt. Er wird seine Pfote hinter dem Klavier, auf dem Boden, absetzen wollen, also setzen Sie das Leckerchen ein, damit seine Aufmerksamkeit nach vorne gerichtet bleibt.

3 Nach jedem erfolgreichen Tastendruck der einen Pfote fordern Sie die andere Pfote. Manchmal ist es hilfreich, wenn Sie sich in die entgegengesetzte Richtung der erhobenen Pfote neigen. Loben Sie Ihren Hund, wenn er die Pfote auf die Tasten setzt und nicht, wenn er sie hochhebt.

4 Treten Sie zurück und lassen Sie Ihren Hund allein spielen! Ersetzen Sie mit dem Kommando „Musik" die Kommandos „Pfote" und „Andere".

Das können Sie erwarten: Obwohl dieser Trick einfach aussieht, ist die erwünschte Handlung keine Instinkthandlung. Normalerweise wird Ihr Hund dafür belohnt, die Pfote zu heben und nicht, sie abzusetzen.

1 Locken Sie Ihren Hund mit einem Leckerchen nach vorne.

2 Geben Sie ihm das Kommando „Pfote" bzw. „Andere" oder tippen Sie seine Pfote an.

3 Gehen Sie mit den Bewegungen Ihres Hundes mit, um ihn zu ermuntern, seine Pfote anzuheben.

Lassen Sie ihn die Pfoten abwechseln heben.

4 Stehen Sie auf, während Sie Ihrem Hund die Kommandos geben.

Ein Profi-Musiker!

Der dümmste Hund der Welt

Lernziel

Diesen Trick kann man in verschiedenen Variationen ausführen, vorausgesetzt Ihr Hund reagiert auf unauffällige Kommandos, sodass es aussieht, als ob er genau das Gegenteil von dem tut, was er tun soll. Nachstehend vier Beispiele:

1 „Spring, Fido, spring durch den Feuerreif!" Stattdessen legt Ihr Hund seine Pfote über die Augen. Wie funktioniert das? Erstens lautet das Kommando für Fido, wenn er durch den Reif springen soll, „Hopp" und nicht „Spring". Zweitens ist „Fido" nicht der Name Ihres Hundes und drittens reagiert Ihr Hund auf Ihr unauffälliges Sichtzeichen, das ihn auffordert, **sich zu schämen** (Seite 200). Beenden Sie diese Vorstellung, indem Sie sagen „Fido, dieser niedliche kleine französische Pudel schaut zu ..." und ihm bedeuten, in Aktion zu treten und durch den Reif zu springen!

2 „Fido ist so ein gut erzogener Hund. Er wühlt niemals im Abfall." Sobald Sie ihm den Rücken zudrehen, läuft Ihr Hund sofort zum Papierkorb. Wie wird das gemacht? In den Papierkorb wird ein Leckerchen gelegt und Ihr Hund erhält das Kommando „Bleib". Sobald Ihr Hund das Freigabekommando wie z. B. „OK" hört, während Sie mit Ihrem Publikum sprechen, wird er sofort zum Papierkorb laufen.

3 „Wo ist denn mein Hund hin? Hat jemand meinen Hund gesehen?" Während Sie im Publikum nach Ihrem Hund suchen, guckt Ihr Hund zwischen Ihren Beinen hervor. Ihr Hund reagiert natürlich auf Ihr Kommando **Kuckuck** (Seite 52).

4 „Spring durch den Reif!" Zu Ihrer gespielten Verlegenheit stellt sich Ihr Hund tot. Ihr Hund hat auf Ihr Sichtzeichen für Totstellen (Seite 32) reagiert.

Das können Sie erwarten: Der schwierige Part bei diesem Trick ist es, Ihren Hund dazu zu bringen, ein bestimmtes Verhalten hinter Ihrem Rücken ohne Blickkontakt auszuführen. Meist läuft der Hund um Sie herum, um Ihnen ins Gesicht zu sehen. Verwenden Sie immer genau dasselbe Übungsmuster, wenn Sie trainieren.

Tipp Achten Sie auf Anzeichen von Unsicherheit, wenn Sie Ihrem Hund einen neuen Trick beibringen: Kratzen, Gähnen, Lefzenlecken, Wegsehen.

Hilfe, es klappt nicht

Mein Hund kann nicht stillhalten. Blickkontakt kann für Ihren Hund ein machtvolles Kommando sein – nehmen Sie Blickkontakt auf, wenn Sie möchten, dass er etwas macht und sehen Sie weg, wenn er bleiben soll.

„Manchmal tue ich so, als ob ich nicht verstehen würde, was mein Frauchen sagt."

1 „Fido, spring durch den Feuerreif des Todes!"

2 „Fido wühlt zum Glück nie im Abfall."

3 „Wo steckt er denn nur?"

4 „Spring, Fido, spring!"

Kapitel 5

Der moderne Hund

Unsere Hunde sind heute vollwertige Familienmitglieder: Sie schlafen im Schlafzimmer, tragen Mäntel und bekommen Feinschmecker-menüs. Die eigentlichen Talente der Hunde sind durch andere, auf das Leben mit der menschlichen Familie ausgerichtete Fähigkeiten verdrängt worden. Früher war das Talent eines Hundes, erfolgreich zu jagen, sehr wichtig. Heute schätzt man es, wenn ein Hund die Fernbedienung findet, das Telefon abnimmt oder das Licht ein- beziehungsweise ausschaltet!

Wenn wir einem Hund beibringen, auf ein Kommando entsprechend zu reagieren (wie Sachen bringen), haben wir ihm beigebracht, ein Wort mit einer bestimmten Handlung zu verknüpfen. Wenn wir von ihm verlangen, dass er ein „menschliches Verhalten" ausführt, haben wir ihm nicht nur ein Wort beigebracht, sondern gleich ein komplexe Verhaltenskette.

Für den Hund ist es gleich, ob er draußen ein Stöckchen oder in der Wohnung die Fernbedienung holt. Ihm ist wichtig, dass er eine Aufgabe und Spaß dabei hat.

Aber seien wir ehrlich. Die Tricks in diesem Kapitel bringen Sie Ihrem Hund nicht nur bei, um seine grauen Zellen in Schwung zu bringen. Es gibt meist mindestens zwei weitere Gründe: Sie können mit den Tricks prima Ihre Freunde beeindrucken und sich selbst einen Gang zum Lichtschalter sparen!

Telefonhörer abnehmen

Lernziel

Wenn das Telefon klingelt, nimmt Ihr Hund den Hörer von der Gabel und bringt ihn zu Ihnen. Bei einem Handy macht sich Ihr Hund auf die Suche danach und bringt es Ihnen.

1 Stellen Sie Ihr Telefon auf den Boden und nehmen Sie den Hörer ab. Geben Sie Ihrem Hund das Kommando **„Nimm's"** (Seite 24) und belohnen Sie seine Bemühungen.

Hörzeichen
Ringring

2 Treten Sie vom Telefon zurück und lassen Sie ihn den Hörer **bringen** (Seite 24). Verwenden Sie als Hörzeichen „Ringring" oder „Klingeling". Loben Sie Ihren Hund für einen erfolgreichen Apport.

3 Stellen Sie allmählich das Telefon an seinen ursprünglichen Platz zurück – zuerst auf einen kleinen Tisch, dann auf die Arbeitsplatte, dann hinten an die Arbeitsplatte. Haben Sie einen kleinen Hund, braucht er eventuell einen Hocker, um an das Telefon heranzukommen.

4 Jetzt verknüpfen Sie das von Ihnen verwendete Hörzeichen mit dem tatsächlichen Telefonklingeln. Rufen Sie sich selbst auf einer zweiten Leitung an. Sobald das Telefon klingelt, geben Sie Ihr Hörzeichen und zeigen Sie auf das Telefon. Ihr Hund ist vielleicht erst einmal verblüfft – geben Sie ihm aber jedes Mal, wenn das Telefon klingelt, Ihr Hörzeichen.

Das können Sie erwarten: Verwenden Sie zum Üben ein altes Telefon oder ein Spielzeugtelefon, da die Hunde den Hörer oft auf den Boden fallen lassen. Halten Sie Ihr Handy und Ihre Leckerchen bereit und rufen Sie sich selbst mehrmals täglich an. Dieser Trick enthält viel Aufregendes für Ihren Hund: laute Geräusche, auf Arbeitsplatten springen und Sachen holen. Häufig wird es ein Lieblingstrick – sowohl für Ihren Hund als auch für Ihre Anrufer!

Voraussetzungen
Bring/Nimm's (Seite 24)

Hilfe, es klappt nicht

Mein Hund lässt das Telefon immer fallen. Eine unpraktische Form und rutschige Oberfläche Ihres Telefons kann Teil des Problems sein. Telefone im Retro-Look mit einem schmalen Hörer sind gut geeignet. Ansonsten können Sie den Hörer mit Abdeckband umwickeln.

Aufbauübungen Mit **Gib Laut** (Seite 30) spricht er ins Telefon!

Tipp Wenn Sie diesen Trick mit Ihrem Handy üben, stellen Sie einen gut erkennbaren Klingelton ein.

1 Lassen Sie Ihren Hund den Hörer vom Boden aufheben.

4 Nehmen Sie ein zweites Telefon zu Hilfe, um Ihrem Hund beizubringen, auf den Klingelton zu reagieren.

„Wenn das Telefon klingelt, hebe ich ab und laufe damit weg!"

Licht ausmachen

Hilfe, es klappt nicht

Wie bringe ich ihm den Unterschied zwischen Licht an- und ausmachen bei? Ihr Hund besitzt nicht die Feinmotorik, den Schalter an- oder auszumachen. Er wird einfach mit der Pfote solange gegen den Schalter drücken, bis Sie ihn wissen lassen, dass er erfolgreich war.

Aufbauübungen Sobald Ihr Hund **Licht ausmachen** beherrscht, üben Sie mit einer ähnlichen Handlung **Tür auf-/zumachen** (Seite 70) ein!

Tipp Belohnen Sie auch immer die kleinsten Fortschritte!

„Ich bin ganz vorsichtig am Lichtschalter, damit es keine Kratzer gibt."

Lernziel

Ihr Hund lernt, mit der Pfote auf einen Lichtschalter an der Wand zu drücken und das Licht an- oder auszumachen. Ein flacher Kippschalter ist für den Hund am leichtesten zu bedienen. Kleinen Hunden muss man unter Umständen einen Hocker unter den Schalter stellen.

1 Halten Sie ein Leckerchen etwas oberhalb des Lichtschalters an die Wand und geben Sie Ihrem Hund das Kommando „Licht, hol's!" Geben Sie ihm das Leckerchen, wenn er den Schalter erreichen kann.

Hörzeichen
Licht

2 Halten Sie das Leckerchen etwas oberhalb des Schalters von der Wand weg, während Sie den Schalter mit der anderen Hand antippen. Fordern Sie Ihren Hund auf, sich aufzurichten, halten Sie jedoch das Leckerchen fest in Ihrer Faust, bis er ein oder zwei Mal mit der Pfote die Wand berührt. Loben Sie ihn und geben Sie ihm das Leckerchen, während er noch aufrecht steht.

3 Tippen Sie auf den Lichtschalter, während Sie Ihrem Hund das Kommando geben. Nehmen Sie die Hände herunter und lassen Sie Ihren Hund von allein mit der Pfote die Wand berühren. Fordern Sie mit zunehmendem Fortschritt Ihren Hund auf, mit Erfolg auf den Schalter zu drücken, bevor er belohnt wird.

4 Gehen Sie schließlich weiter weg vom Lichtschalter und weisen Sie Ihren Hund an, allein das Licht auszumachen!

Das können Sie erwarten: „Machst du das Licht aus, bevor du gehst?" Ein lebhafter Hund kann die Verknüpfung, mit der Pfote an der Wand zu kratzen, relativ schnell lernen. Auf den Schalter zu drücken erfordert jedoch etwas mehr Zeit.

1 Halten Sie ein Leckerchen oberhalb des Lichtschalters und fordern Sie Ihren Hund auf, es sich zu holen

3 Tippen Sie den Lichtschalter an zum Zeichen, dass Ihr Hund ihn mit der Pfote berühren soll.

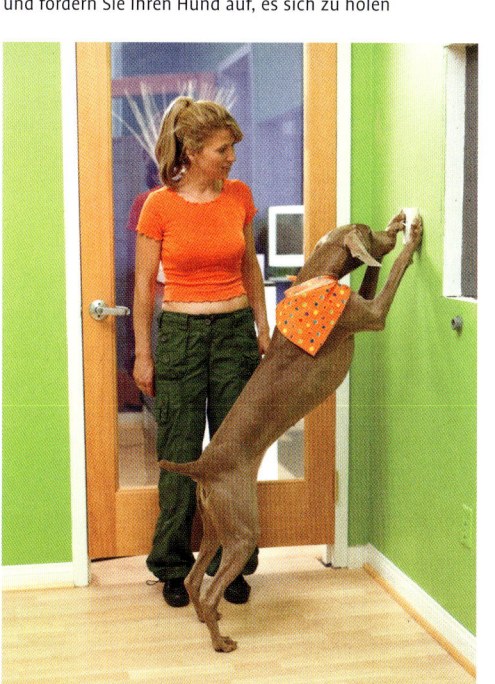

Verlangen Sie, dass der Schalter erfolgreich umgelegt wird, bevor Sie ihn belohnen.

4 Jetzt soll Ihr Hund allein auf den Schalter drücken!

Tür auf-/zumachen

Lernziel

Ihr Hund macht die Tür auf, indem er die Klinke benutzt und schiebt sie mit seinen Pfoten wieder zu.

Tür aufmachen

Hörzeichen
Auf
Zu

1 Stellen Sie Ihren Hund vor eine nach außen aufgehende Tür. Auf der anderen Seite der Tür sollte etwas sein, was der Hund unbedingt haben möchte, z. B. Futterbelohnungen oder ein Lieblingsspielzeug. Öffnen Sie die Tür einen Spaltbreit und fordern Sie Ihren Hund auf, sich durch den Spalt zu drücken, um die Belohnung zu bekommen.

2 Halten Sie die Tür einen Spaltbreit auf und fordern Sie Ihren Hund auf, sie ganz aufzudrücken. Er muss mit der Pfote dagegen drücken oder sie anspringen, um sie zu öffnen. Schafft er es, lassen Sie die Tür los und Ihr Hund kommt an seine Belohnung.

3 Schließen Sie die Tür vollständig und tippen sie die Türklinke an, während Sie Ihren Hund auffordern, sich aufzurichten. Kommt er mit der Pfote auf die Türklinke, drücken Sie sie unauffällig herunter, damit sich die Tür öffnen kann.

4 Da Ihr Hund jetzt gelernt hat, dass die Türklinke der Schlüssel zum Türenöffnen ist, wird er seine Technik von allein verfeinern, sofern der Anreiz auf der anderen Seite der Tür groß genug ist!

5 Sobald Ihr Hund das Aufmachen dieser Tür beherrscht, versuchen Sie es mit einer nach innen aufgehenden Tür. Fixieren Sie die Türklinke und machen Sie die Tür nicht ganz zu, damit sie ohne Drücken der Klinke aufgeht. Zuerst muss Ihr Hund lernen, sich auf die Türklinke zu stützen und rückwärts zu gehen. Stellen Sie sich mit einem Leckerchen oder einem Spielzeug auf die andere Seite der Tür und rufen Sie Ihrem Hund das Kommando zu, während Sie an die Tür klopfen.

6 Nun sollte sich die Klinke wieder drücken lassen. Gehen Sie auf die andere Seite der Tür. Stellen Sie Ihren Fuß dagegen, sodass die Tür, wenn Ihr Hund die Klinke drückt, einwärts, also ihm entgegen, aufgeht. Ihr Hund wird lernen, rückwärts zu laufen, während er die Türklinke gedrückt hält.

> **Aufbauübungen** Bauen Sie auf diese Übungen auf mit **Bring mir ein Getränk aus dem Kühlschrank** (Seite 74).

> **Tipp** Kleinere Hunde brauchen eventuell einen Hocker, damit sie die Türklinke erreichen können.

1 Ihr Hund soll sich durch den Türspalt drücken.

2 Halten Sie die Tür einen Spaltbreit auf, während Ihr Hund mit der Pfote dagegen drückt.

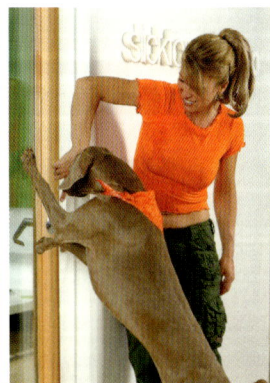

3 Drücken Sie die Klinke nach unten, wenn Ihr Hund sie mit seiner Pfote berührt.

4 Bieten Sie Ihrem Hund einen Anreiz, die Tür allein zu öffnen.

Tür zumachen

7 Üben Sie an einer einen Spaltbreit geöffneten, nach innen aufgehenden Tür. Halten Sie ein Leckerchen auf Höhe der Hundenase an die Tür und geben Sie das Kommando"Mach zu, hol's!" Zeigt er Interesse, halten Sie die Hand höher an die Tür. Es bedarf wohl kaum großer Überredungskünste, Ihren Hund dazu zu bringen, seine Pfoten gegen die Tür zu stemmen, um an das Leckerchen heranzukommen. Dadurch schiebt er die Tür zu.

Geben Sie Ihrem Hund sofort das Leckerchen und loben ihn. Erschrickt er durch das Geräusch der zufallenden Tür und nimmt das Leckerchen nicht, fordern Sie ihn auf, sich an der geschlossenen Tür wieder aufzurichten und belohnen Sie ihn, solange er sich in der richtigen Position befindet, nämlich auf zwei Pfoten.

8 Hat Ihr Hund erst einmal den Dreh herausbekommen, versuchen Sie nur noch, an die Tür zu klopfen, damit er sie zudrückt. Loben Sie ihn dafür.

9 Schicken Sie schließlich Ihren Hund aus der Distanz, die Tür „zuzumachen". Seien Sie nicht überrascht, wenn er sie in seinem Eifer laut zuschlägt!

Das können Sie erwarten: Türklinken haben Hunde schon immer fasziniert. Eine Tür zu öffnen erfordert sowohl logische Fähigkeiten als auch Koordination. Dieses Kunststück zu beherrschen kann durchaus mehrere Wochen oder länger dauern. Eine Tür zu schließen ist viel einfacher und kann für Ihren Hund regelrechten Spielspaß bedeuten!

„Mieze hat ein kleines Loch in der Tür zum Durchkommen, weil sie nicht an die Türklinke herankommt."

5 Versuchen Sie es zuerst mit einer nach Innen aufgehenden Tür

6 Halten Sie die Tür mit Ihrem Fuß zu.

7 Halten Sie ein Leckerchen gegen die Tür.

8 Klopfen Sie gegen die Tür.

Glocke läuten

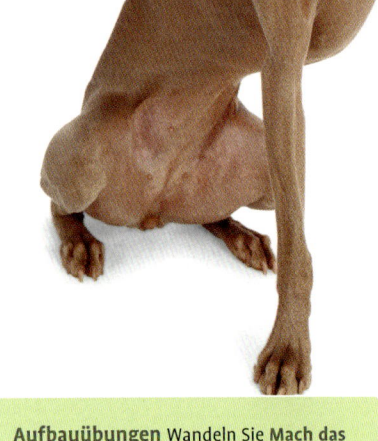

Lernziel

Ihr Hund drückt mit der Nase oder Pfote auf eine Glocke, wenn er rein oder raus möchte.

1 Ziehen Sie eine Glocke auf dem Boden und geben Sie Ihrem Hund das Kommando „Hol's!" In dem Moment, in dem er mit seiner Nase oder Pfote die Glocke berührt, sagen Sie „super Glocke" und geben ihm ein Leckerchen.

Hörzeichen
Glocke

2 Hängen Sie die Glocke in niedriger Höhe an einen Türknauf und fordern Sie Ihren Hund zum Läuten auf mit dem Kommando „Glocke, hol's!" Vielleicht müssen Sie hinter der Türglocke ein Leckerchen parat halten und ihn damit locken. Sobald die Glocke ertönt, loben und belohnen Sie ihn.

3 Holen Sie die Leine Ihres Hundes und versetzen Sie ihn in Stimmung für einen Spaziergang. Halten Sie an der Tür mit der Glocke an und fordern ihn zum Läuten auf. Es kann eine Weile dauern, da er von der Vorfreude auf einen Spaziergang abgelenkt ist. Sobald er die Glocke berührt, öffnen Sie sofort die Tür und gehen mit ihm spazieren. Bei diesem Trick ist die Belohnung ein Spaziergang anstatt ein Leckerchen. Stellen Sie diese Verknüpfung von Anfang an her.

4 Wenn Sie vom Spaziergang zurück sind, wecken Sie seine Vorfreude auf ein Leckerchen oder sein Futter. Lassen Sie ihn wieder eine außen an der Tür hängende Glocke mit der Pfote berühren, bevor Sie die Tür öffnen. Es dauert vielleicht ein paar Minuten, bis die Glocke läutet, üben Sie daher immer dann, wenn Sie nicht in Eile sind.

Das können Sie erwarten: Konsequenz bei der Durchsetzung des Glockenläutens beim Rein- oder Rausgehen beschleunigt den Lernprozess. Sie müssen anfangs immer sofort auf die Glocke reagieren – wenn Sie die Glocke hören, sollten Sie gleich die Tür öffnen. Diese Art und Weise, Ihnen seine Wünsche klarzumachen, übertrifft bei weitem Bellen und Türkratzen. Versuchen Sie also, seine Höflichkeit so oft wie möglich mit einem Spaziergang zu belohnen.

Aufbauübungen Wandeln Sie **Mach das Licht aus** (Seite 69) ab, indem Sie Ihrem Hund beibringen, die Türglocke zu läuten.

2 Sagen Sie „Glocke" und halten Sie ein Leckerli hinter die Glocke.

3 Belohnen Sie Ihren Hund mit einem Spaziergang, wenn er die Glocke läutet.

4 Lassen Sie Ihren Hund eine andere Glocke läuten, um hereinzukommen.

Am Seil ziehen

Lernziel

Ob er nun einen Gartentürchen öffnet oder einen Leiterwagen zieht – die Fähigkeit Ihres Hundes, **am Seil zu ziehen**, kann unbegrenzt eingesetzt werden.

1 Machen Sie Ihren Hund mit **Am Seil ziehen** vertraut, indem Sie Tauziehen spielen. Im Tierfachhandel sind Spielzeuge für diesen Zweck erhältlich. Ein altes Handtuch leistet aber auch gute Dienste. Geben Sie Ihrem Hund das Kommando „Zieh" und schlenkern Sie das Spielzeug hin und her oder ziehen Sie es vor Ihrem Hund her.

Hörzeichen
Zieh

2 Gehen Sie zu einem dicken Seil mit Knoten darin über. Lassen Sie Ihren Hund Ihnen das Seil ab und zu aus den Händen ziehen, damit er mit Begeisterung bei der Sache bleibt.

3 Binden Sie das Seilende an einen Pappkarton und lassen Sie ihn diesen ziehen. Da dies kein selbstbelohnendes Verhalten wie Tauziehen ist, loben und belohnen Sie Ihren Hund für seinen Einsatz.

4 Setzen Sie diese neu erworbene Fähigkeit Ihres Hundes ein, indem Sie ihn einen Einkaufswagen ziehen, Türen oder Schubladen aufziehen oder ein Seil ziehen lassen, um eine Glocke zu läuten.

Das können Sie erwarten: Hunde vom Typ Molosser und Terrier sind Naturtalente bei diesem Kunststück. Im Allgemeinen mögen aber alle Hunde hin und wieder mal etwas ziehen. Je spielerischer diese Übung ausgeführt wird, umso schneller wird Ihr Hund lernen. Spielen Sie jeden Tag so mit ihm und innerhalb einer Woche sollte Ihr Hund das Ziehen am Seil verstanden haben.

Hilfe, es klappt nicht

Ich habe gehört, dass Tauziehen bei Hunden Aggressionen hervorrufen kann.
Tauziehen ist ein Wettkampf, bei dem es einen Gewinner und einen Verlierer gibt. Während Tauziehen für die meisten Hunde ein harmloser Spaß ist, können manche Hunde, wenn sie gewinnen, dies als weiteren Beweis für Ihre Vorrangstellung auslegen. Setzen Sie die Spielregeln durch: Sie entscheiden, wann das Spiel beginnt und wann es endet. Das Spiel endet, indem Ihr Hund das Spielzeug loslässt, aggressives Verhalten ist streng verboten.

Aufbauübungen Sobald Sie **Am Seil ziehen** gemeistert haben, kann Ihr Hund seine Spielzeugkiste öffnen und **sein Spielzeug aufräumen** (Seite 46)!

1 Spielen Sie Tauziehen mit Ihrem Hund.

2 Verwenden Sie dazu ein dickes Seil mit Knoten darin.

4 Befestigen Sie das Seil an Gegenständen.

Bring mir eine Getränkedose aus dem Kühlschrank

Voraussetzungen

Am Seil ziehen (Seite 73)
Bring (Seite 24)
Mach die Tür zu (Seite 71)

Hilfe, es klappt nicht

Mein Küchenboden wird zerkratzt!
Leichtgewichtige Hunde und Fliesen-
böden sind eine rutschige Angelegenheit,
wenn Ihr Hund am Geschirrtuch zieht.
Dem können Sie mit einer Fußmatte
abhelfen oder Sie verwenden ein längeres
Seil am Türgriff, um die Hebelwirkung
zu erhöhen.

**Mein Hund inspiziert den Kühlschrank-
inhalt, wenn er meine Dose bringt!**
Nichts ist umsonst und das ist womöglich der Preis, den Sie dafür zahlen
müssen, dass Sie in den Genuss des
Bringservice kommen!

Lernziel

Bei diesem Trick öffnet Ihr Hund die Kühlschranktür, holt ein Dose heraus, bringt sie Ihnen und geht zurück zum Kühlschrank, um die Tür zu schließen.

Kühlschrank öffnen

Hörzeichen
Hol mir eine Dose

1 Üben Sie **Am Seil ziehen** (Seite 73) mit einem Geschirrtuch, dann binden Sie das Geschirrtuch an den Kühlschrankgriff. Fordern Sie Ihren Hund jetzt auf, am Geschirrtuch zu ziehen. Der Hund sollte mit allen Vieren auf dem Boden bleiben, wenn er zieht – um Ihre Tür vor Kratzern zu schützen und damit er nicht gegen sich selbst zieht. Helfen Sie ihm anfangs, Kühlschranktüren sind sehr schwer zu öffnen.

Hol mir eine Dose

1 Trinken Sie eine Getränkedose aus.

2 Spielen Sie **Bring** (Seite 24) mit der leeren Dose, um Ihren Hund an das Tragen derselben zu gewöhnen. Da viele Hunde nicht gern Metall im Maul tragen, umwickeln Sie anfangs die Dose mit einem Tuch.

3 Stellen Sie die Dose auf ein niedriges Fach im offenen, übersichtlich aufgeräumten Kühlschrank und lassen Sie Ihren Hund die Dose bringen. Belohnen Sie ihn mit einem Leckerchen, das schmackhafter ist als alles, was sich im Kühlschrank befindet.

Kühlschrank schließen

1 Bringen Sie Ihren Hund mit dem Kommando **Mach die Tür zu** (Seite 71) dazu, die Tür zu schließen.

Das können Sie erwarten: Ist Ihr Hund mit allen drei Lernschritten vertraut, können Sie allmählich die Einzelkommandos weglassen und nur das Kommando „Hol mir eine Dose" für den ganzen Ablauf einführen. Da Ihr Hund jetzt in die Geheimnisse des Kühlschranks eingeweiht ist, müssen Sie sich etwas einfallen lassen, damit er sich nicht alleine bedient!

„Herrchen liebt diesen Trick!"

Kühlschrank öffnen

1 Lassen Sie Ihren Hund an einem am Türgriff befestigten Geschirrtuch ziehen.

Er sollte mit allen Vieren auf dem Boden bleiben, während er zieht.

Hol mir eine Dose

1 Trinken Sie eine Getränkedose aus.

2 Spielen Sie „Bring" mit der leeren Dose.

Eine Umwicklung mit einem Tuch erleichtert Ihrem Hund das Tragen.

Kühlschrank schließen

3 Bring die Dose aus dem Kühlschrank.

Belohnen Sie ihn für's Bringen.

1 Schicken Sie ihn zurück, damit er die Kühlschranktür zumacht.

Briefträger

Voraussetzungen

Nimm's (Seite 24)
Gib (Seite 26)

Hilfe, es klappt nicht

Mein Hund ließ den Brief fallen und kann ihn nicht wieder aufheben.
Wenn Sie den Brief falten, kann er ihn leichter aufheben.

Mein Hund kommt beim Empfänger an, der Brief leider nicht …
Der Empfänger sollte den Hund auffordern, zurückzugehen und ihn zu suchen. „Wo ist er? Was ist passiert? Hol ihn!"

Mein Hund hat diesen Trick mühelos beherrscht, hat aber jetzt kein Interesse mehr daran.
Hat er vielleicht keine Leckerchen mehr dafür bekommen? Hat der Hund den Trick einmal gelernt, muss er nicht jedes Mal ein Leckerchen dafür bekommen. Mit einem Leckerchen jedes dritte Mal bleibt er jedoch motiviert. Sie können auch einen Brief zusammen mit einem Leckerchen in einen Plastikbeutel stecken und diesen dann überbringen lassen.

Tipp Üben Sie mit Ihrem Hund so, dass er seine Post abliefert und dann zu Ihnen zurückrennt, um seine Belohnung abzuholen!

„Als ich den Baseball zugestellt habe, hat mich der Schiedsrichter deswegen über das ganze Spielfeld verfolgt!"

Lernziel

Ihr Hund lernt die Namen der Familienmitglieder und überbringt dem jeweiligen Empfänger einen Brief.

1 Ein Freund oder ein Familienmitglied stellt sich in einer reizarmen Umgebung mit ein paar Leckerchen in der Tasche Ihnen gegenüber auf.

2 Geben Sie Ihrem Hund einen Brief und geben Sie ihm das Kommando „**Nimm's**" (Seite 24). Zeigen Sie auf den ausgeguckten Empfänger und sagen Sie Ihrem Hund seinen bzw. ihren Namen.

Hörzeichen

Nimm's zu
(Name der Person)

3 Der Empfänger sollte Ihren Hund ermuntern, zu ihm/zu ihr zu kommen.

4 Ist der Hund nahe genug beim Empfänger, sollte dieser Ihrem Hund das Kommando „**Gib**" (Seite 26) geben und ihm ein Leckerchen im Austausch gegen den Brief geben.

Das können Sie erwarten: Hunde merken sich die Namen von Menschen genau wie wir Menschen – durch Wiederholung. Benutzen Sie die Namen Ihrer Familienmitglieder in Gegenwart Ihres Hundes – er wird bald alle erkennen können, sogar den der Katze!

2 Geben Sie Ihrem Hund einen Brief und zeigen Sie auf den Empfänger.

3 Der Empfänger ruft Ihren Hund.

4 Ihr Hund bekommt ein Leckerchen für die Briefzustellung.

Such' die Autoschlüssel/die Fernbedienung

Voraussetzungen
Bring/Nimm's (Seite 24)

Hilfe, es klappt nicht

Muss der Leckerchenbeutel ständig an meinem Schlüsselbund bleiben?
Sie können ihn mit der Zeit weglassen, allerdings findet Ihr Hund einen Gegenstand mit einem ausgeprägten Geruch leichter. Schlüsselbunde aus Gummi oder Leder erfüllen diesen Zweck auch.

Tipp Hunde sehen Farben nur begrenzt. Sie können nicht zwischen Rot, Orange, Gelb und Grün differenzieren, können die genannten Farben jedoch von Blau, Indigo und Violett unterscheiden. Sie nehmen weniger Details wahr als wir Menschen, aber ihre Nachtsicht und Bewegungssicht ist bessere als unsere.

„Am liebsten suche ich nach Mieze, wenn sie weg ist."

Lernziel

Ihr Hund sucht und apportiert die fehlenden Gegenstände. Ein sehr nützlicher Trick!

Schlüssel

1 Befestigen Sie einen kleinen, gefüllten Leckerchenbeutel an Ihrem Schlüsselbund. Werfen Sie die Schlüssel spielerisch und geben Sie Ihrem Hund das Kommando „Schlüssel, **Bring**" (Seite 24). Kommt er mit den Schlüsseln zurück, öffnen Sie den Beutel und belohnen ihn daraus mit einem Leckerchen. Da er den Beutel nicht allein öffnen kann, lernt er, ihn schnellstens zu Ihnen zurückzubringen. Der Duft der Leckerchen im Beutel unterstützt Ihren Hund beim Auffinden der Schlüssel.

2 Im nächsten Schritt verstecken Sie die Schlüssel weiter weg oder im Nebenzimmer. Machen Sie ein Spiel daraus und helfen Sie Ihrem Hund, Zimmer für Zimmer abzusuchen. Wenn Sie das nächste Mal Ihre Schlüssel verlegen, werden Sie froh sein, die Zeit investiert zu haben, Ihrem Hund dieses Kunststück beizubringen!

Hörzeichen
Schlüssel, such
Fernbedienung, such

Fernbedienung

1 Eine harte Fernbedienung aus Kunststoff ist nicht unbedingt ein Gegenstand, den Hunde gerne im Maul tragen. Daher müssen Sie sie während der Lernübungen eventuell mit Abdeckband einwickeln. Zeigen Sie Ihrem Hund die Fernbedienung und geben Sie Ihrem Hund das Kommando „Fernbedienung, **Nimm's**" (Seite 24). Loben Sie ihn und geben Sie ihm im Austausch dafür ein Leckerchen.

2 Legen Sie die Fernbedienung auf den Couchtisch, zeigen Sie darauf und geben Sie das Kommando „Fernbedienung, **Bring**".

3 Setzen Sie diesen Trick nun in die Praxis um. Setzen Sie sich in Ihren Sessel und legen Sie die Fernbedienung an eine häufig benutzte Stelle. Lassen Sie Ihren Hund die Fernbedienung suchen und Ihnen an den Sessel bringen. Ihre Gäste werden über diesen nützlichen Trick sehr erstaunt sein!

Das können Sie erwarten: Obwohl es nicht schwierig ist, Ihrem Hund beizubringen, einen bestimmten Gegenstand herzubringen, liegt die Herausforderung bei diesem Trick darin, dass Ihr Hund motiviert bleibt, wenn der Gegenstand, den Sie ihn suchen lassen, kein Spielzeug oder Leckerchen ist. Loben Sie ihn daher überschwänglich und geben Sie ihm viele Leckerchen, während er dieses Kunststück lernt. Innerhalb eines Monats kann Ihr Hund verlorene Gegenstände suchen und herbringen!

Schlüssel

1 Füllen Sie einen Leckerchenbeutel mit Leckerchen. Belohnen Sie Ihren Hund dafür, wenn er diesen samt Schlüssel bringt.

2 Verstecken Sie die Schlüssel und helfen Sie Ihrem Hund bei der Suche danach.

Fernbedienung

1 Wickeln Sie die Fernbedienung in ein Tuch ein und lassen Sie Ihren Hund die Fernbedienung aufnehmen.

2 Legen Sie die Fernbedienung auf einen Couchtisch und lassen Sie den Hund die Fernbedienung aus einer gewissen Entfernung zu Ihnen bringen.

Einen Einkaufswagen schieben

Lernziel

Hunde, die „Menschensachen" machen, sind immer unterhaltsam. Ihr Hund schiebt, während er auf der Hinterhand steht, einen Einkaufswagen, einen Kinderwagen oder einen Spielzeugrasenmäher (je nachdem, wie groß er ist und was seine Aufgaben im Haushalt sind!).

Hörzeichen
Pfoten hoch
Vorwärts

Pfoten hoch

1 Halten Sie ein Leckerchen knapp oberhalb eines stabilen Möbelstücks und geben Sie Ihrem Hund das Kommando „Pfoten hoch". Klopfen Sie auf das Möbelstück, damit Ihr Hund seine Vorderläufe daraufstellt. Halten Sie das Leckerchen knapp hinter der Möbelkante, damit Ihr Hund nicht obendrauf oder darüber springt.

2 Hat Ihr Hund beide Vorderpfoten auf das Möbelstück aufgesetzt, darf er das Leckerchen haben.

3 Versuchen Sie das Ganze jetzt mit einer Stange. Stehen Sie Ihrem Hund gegenüber und halten die Stange zwischen Ihnen Hund und sich. Zeigen Sie Ihrem Hund das Leckerchen in Ihrem Mund und geben Sie das Kommando „Pfoten hoch". Sobald er mit den Pfoten auf der Stange aufsetzt, lassen Sie ihn das Leckerchen aus Ihrem Mund nehmen oder, wenn Ihnen das lieber ist, spucken Sie es ihm ins Maul.

Vorwärts

1 Hat Ihr Hund die Pfoten auf der Stange aufgesetzt, geben Sie ihm das Kommando „Vorwärts", während Sie rückwärts laufen. Die Stange sollte so gehalten werden, dass Ihr Hund sich in einer relativ aufrechten Stellung befindet.

2 Suchen Sie nach einem Einkaufswagen, der die geeignete Höhe für Ihren Hund hat. Eventuell müssen Sie etwas Gewicht hinzufügen, damit Ihr Hund ihn nicht umwerfen kann. Decken Sie das Gitter unterhalb der Griffstange mit einem Handtuch ab, damit Ihr Hund nicht mit seinen Pfoten darin steckenbleiben kann. Stellen Sie sich seitlich des Einkaufswagens auf und halten Sie ihn fest, damit er nicht davonrollt. Klopfen Sie auf die Griffstange und geben Ihrem Hund das Kommando „Pfoten hoch". Halten Sie ein Leckerchen vor ihn und locken ihn mit „Vorwärts". Belohnen Sie Ihren Hund für seine ersten Schritte und denken Sie daran, ihn immer dann zu belohnen, wenn er noch in der richtigen Position ist – aufrecht.

3 Stellen Sie sich ans andere Ende des Einkaufswagens und halten Sie Ihrem Hund ein Leckerchen an die Nase, um ihn nach vorne zu locken. Lockern Sie mit der Zeit Ihren Griff um den Einkaufswagen und bald wird Ihr Hund von alleine einkaufen!

Das können Sie erwarten: Bei diesem Trick ist eine grasähnliche Bodenbeschaffenheit von Vorteil, da diese den Einkaufswagen verlangsamt. Steuern Sie während des Lernvorgangs den Einkaufswagen, da ein Ausrutschen Ihres Hundes ihn weit zurückwerfen könnte.

Hilfe, es klappt nicht

Mein Hund geht mit den Vorderläufen immer wieder auf den Boden. Benutzen Sie Ihr Leckerchen als „Zuckerbrot" und halten Sie es ihm nur wenige Zentimeter unter die Nase, während er vorwärts läuft.

Aufbauübungen Wandeln Sie **Räum dein Spielzeug auf** (Seite 46) so ab, dass Ihr Hund den Einkaufswagen erst mit Lebensmitteln füllt.

Pfoten hoch

1 Halten Sie ein Leckerchen in die Höhe, während Sie Ihrem Hund das Kommando „Pfoten hoch" geben.

2 Geben Sie ihm das Leckerchen, wenn er mit beiden Pfoten hochsteigt.

3 Gehen Sie dazu über, dass Ihr Hund seine Pfoten auf eine Stange hochlegt.

Lassen Sie Ihren Hund ein Leckerchen aus Ihrem Mund nehmen.

Vorwärts

1 Laufen Sie rückwärts.

2 Bringen Sie Ihren Hund dazu, die Pfoten hochzunehmen.

Bewegen Sie das Leckerchen, um ihn nach vorne zu locken.

3 Stellen Sie sich ans andere Ende des Einkaufswagens.

Lockern Sie mit der Zeit Ihren Griff.

Bald wird er ganz allein einkaufen!

Bring mir ein Taschentuch

Lernziel

Ihr Niesen ist das Stichwort für den Hund, für Sie ein Taschentuch aus der Schachtel zu holen. Wenn Sie es benutzt haben, kann Ihr Hund es sogar in den Papierkorb werfen.

Das Taschentuch bringen

1 Befestigen Sie mit Klebeband eine Schachtel mit Papiertaschen-tüchern auf einem niedrigen Tisch oder auf dem Boden. Wackeln Sie mit dem herausstehenden Taschen-tuch und geben Sie Ihrem Hund das Kommando „Nimm's" (Seite 24).

2 Entfernen Sie sich etwas von der Schachtel. Zeigen Sie darauf und sagen Sie „Hatschi! **Bring!**" Ermuntern Sie Ihren Hund auf dem Weg zur Schachtel und geben Sie ihm dann das Kommando „Gib" (Seite 26) oder tauschen Sie das Taschentuch gegen ein Leckerchen ein.

3 Versuchen Sie das Ganze, während Sie auf einem Stuhl sitzen. Stellen Sie die Schachtel mit den Papiertaschentüchern an verschiedenen Stellen hin. Lassen Sie allmählich die Einzelkommandos weg, bis als einziges Stichwort „Hatschi!" übrigbleibt. Halten Sie das Leckerchen in der Hand, während Sie das Sichtzeichen geben, damit der Hund konzentriert bleibt.

Das Taschentuch wegwerfen

4 Während Sie auf dem Stuhl sitzen und neben Ihnen ein Papierkorb steht, knüllen Sie das Taschentuch zusammen, geben es Ihrem Hund und sagen ihm „**Nimm's**, Wirf's weg".

5 Zeigen Sie auf den Papierkorb, wobei Sie ein Leckerchen in der Zeige-hand halten und wiederholen Sie „Wirf's weg". Kommt Ihr Hund näher, um an dem Leckerchen zu schnüffeln, geben Sie ihm das Kommando „**Aus**" (Seite 26). Sobald er das Taschentuch fallen lässt, lassen Sie Ihr Leckerchen in den Papierkorb fallen und ihn es einsammeln. Indem Sie das Leckerchen im Papierkorb geben, wird er gerne seine Nase dort hinein stecken. Dadurch erhöhen sich die Chancen, dass er das Taschen-tuch am richtigen Ort fallen lässt.

6 Stellen Sie mit zunehmendem Fortschritt Ihres Hundes den Papierkorb weiter weg.

Das können Sie erwarten: Das Taschentuch bringen ist meist einfacher, als dem Hund beizubringen, es wegzuwerfen. Obwohl die Grundlagen innerhalb nur weniger Wochen erlernt werden können, ist es schwierig, den Trick mit nur einem einzigen Hörzeichen vollständig auszuführen. Denken Sie nur daran, wie beeindruckt Ihre Gäste sein werden, wenn Sie niesen und Ihr Hund kommt mit einem Taschentuch angesaust!

Hörzeichen
Hatschi!
Wirf's weg

Sichtzeichen

Voraussetzungen
Bring/Nimm's (Seite 24)
Aus/Gib (Seite 26)

Hilfe, es klappt nicht

Als ich weg war, hat mein Hund die ganze Schachtel leer gemacht!
Manche Hunde haben mit diesem Trick unheimlich viel Spaß! Seien Sie dankbar, dass Ihr Vierbeiner nicht die Klorolle entdeckt hat!

Mein Hund lässt das Taschentuch fallen.
Fangen Sie von vorne an und arbeiten Sie am Kommando Bring (Seite 24). Lässt Ihr Hund den Gegenstand fallen, heben Sie ihn nicht auf, sondern fordern Sie ihn auf, ihn den restlichen Weg zu Ihnen zu bringen.

Das Papiertaschentuch bleibt an den Lefzen meines Hundes kleben, wenn er es wegwerfen will.
Je stärker Sie das Taschentuch zusammen-knüllen, desto leichter kann es Ihr Hund fallen lassen. Sie können auch einen kleinen Stein in das Knäuel schieben.

Mein Hund trägt das Taschentuch aus der Schachtel direkt zum Papierkorb.
Achten Sie darauf, dass er Ihr Leckerchen sieht, wenn Sie das Sichtzeichen für das Niesen geben. Halten Sie Blickkontakt zu ihm, um ihn zum Herkommen zu veranlassen.

Das Taschentuch bringen

1 Kleben Sie die Schachtel auf einen Tisch und sagen Sie „Nimm's".

2 Zeigen Sie auf die Schachtel und sagen Sie „Hatschi! Bring!"

3 Setzen Sie sich auf einen Stuhl und geben Sie das Sichtzeichen.

Tauschen Sie das Leckerchen für Ihren Hund gegen das Taschentuch ein.

Das Taschentuch wegwerfen

4 Geben Sie Ihrem Hund das zerknüllte Taschentuch.

5 Zeigen Sie mit einem Leckerchen in Ihrer Hand auf den Papierkorb.

Lassen Sie das Leckerchen in den Papierkorb fallen.

6 Stellen Sie den Papierkorb weiter weg.

Kapitel 6

Komm, wir spielen!

T – o – o – r!

Das Publikum tobt, wenn Ihr Vierbeiner ein Tor für die Mannschaft schießt! Unter dem Spitznamen Fliegender Fido spielt sich Ihr Hund mit Volltreffern, Korblegern, Fängen und Blocks in die Herzen der gesamten Nachbarschaft, sobald er die Spielregeln kennt. Er wird mit Sicherheit als erster für die Mannschaft aufgestellt!

Was machen Freunde an ihren freien Wochenenden? Sie sind sportlich unterwegs! Ob nun Fußball im Park oder Basketball in der Halle, Sportwettkämpfe waren schon immer ein beliebtes Freizeitvergnügen unter Kumpels. Mit den nachfolgend beschriebenen Tricks kann Ihr vierbeiniger Freund bei den Spielen mitmachen.

Ob er nun eine Schwäche für das Ball-Leder hat, ein begeisterter Freiwerfer im Basketball ist oder einen spitzenmäßigen Schuss beim Hockey bringt – Ihr Hund kann die Spielregeln für diese beliebten Sportarten lernen und mit Ihnen zusammen spielen.

Mit Ihrem Hund zu spielen fördert die Kommunikationsfähigkeit und es bilden sich Regeln heraus, die sich auf Ihre gesamte Beziehung auswirken. Stellen Sie sich vor, Sie sind ein Trainer, während Sie diese Tricks einüben. Setzen Sie zu gleichen Teilen Energie und Motivation sowie Disziplin und Autorität ein. Das Spiel an sich sollte selbstbelohnend sein und Ihr Hund muss Regeln befolgen, um belohnt zu werden. Seien Sie fair, ehrlich und geduldig. Jeder Bundesliga-Star hat mal klein angefangen, genau wie Ihr Hund.

Los jetzt, wir gehen raus und spielen!

Fußball

Lernziel

Sportfans haben mit Sicherheit einen Riesenspaß, wenn Ihr vierbeiniger Superstar auf das Tor hält und einen **Fußball** ins Netz rollt.

1 Ein im Zoofachhandel erhältlicher Snackball ist ein hohler Kunststoffball mit einem Loch, aus dem beim Rollen des Balls immer wieder ein Leckerchen herausfällt. Füllen Sie den Snackball mit Trockenfutter oder kleinen leckeren Happen und lassen Sie Ihren Hund damit ein paar Tage lang allein spielen. Er wird bestimmt eines seiner Lieblingsspielzeuge werden.

Hörzeichen
Fußball

2 Zeigen Sie auf einen leeren Snackball und geben Sie Ihrem Hund das Kommando „Fußball!" Sobald er den Ball ein Stück weit rollt, werfen Sie ein Leckerchen in die Nähe des Balls, damit er es findet.

3 Lassen Sie den Hund den Ball allmählich immer länger rollen, bevor Sie ihn belohnen und gehen Sie dazu über, ihn aus der Hand zu belohnen anstatt das Leckerchen hinzuwerfen.

4 Tauschen Sie den Snackball gegen einen Fußball aus. Geben Sie dasselbe Kommando und belohnen Sie Ihren Hund, wenn er den Ball ein kurzes Stück rollt. Verlängern Sie allmählich die Strecke, die der Ball rollen soll.

5 Ist Ihr Hund bereit? Nehmen Sie als Torlinie vor dem Netz eine deutliche Markierung, zum Beispiel den Rand einer Betonfläche neben einer Wiese. Laufen Sie aufgeregt mit Ihrem Hund mit und feuern Sie ihn an, den Ball hinter diese Linie zu schieben. Tut er es, belohnen Sie ihn sofort.

Das können Sie erwarten: Die meisten Hunde lernen sehr schnell den Snackball allein zu rollen. Unter Umständen kann es etwas verwirrend für den Hund sein, wenn Sie zum Fußball übergehen, sodass Sie zwischen den beiden hin- und herwechseln müssen. Üben Sie täglich und in ein paar Wochen ist Ihr Hund ein Anwärter auf die Weltmeisterschaft!

„Mein absolutes Lieblingsspiel: mein Bumper-Dummy fangen. Mein anderes absolutes Lieblingsspiel: Frisbees fangen."

Hilfe, es klappt nicht

Mein Hund hat sich die Nase abgeschürft!
Ein nagelneuer Snackball oder ein begeisterter Ballroller kann Kratzer an der Nase verursachen. Kontrollieren Sie öfter seine Nase und den Ball auf Unebenheiten.

Mein Hund langt mit der Pfote nach dem Fußball anstatt ihn zu rollen.
Ihr Hund ist frustriert und versteht nicht, was Sie von ihm wollen. Fangen Sie wieder damit an, mit dem Snackball zu arbeiten, legen aber nur ein einziges Stück Trockenfutter hinein. Ihr Hund hört, dass da etwas drin ist, aber das Trockenfutterstück braucht länger, bis es herausfällt. Belohnen Sie Ihren Hund mit Leckerchen aus der Hand, wenn Ihr Hund den Snackball rollt.

Tipp Frieren Sie etwas Hühnerbrühe in Eiswürfelform ein – als Spezialleckerchen bei heißem Wetter.

1 Füllen Sie einen Snackball mit Trockenfutter.

Lassen Sie Ihren Hund allein damit spielen.

2 Verwenden Sie einen leeren Snackball. Werfen Sie Ihrem Hund das Leckerchen zu, wenn er den Ball rollt.

3 Gehen Sie dazu über, ihn aus der Hand zu belohnen.

4 Belohnen Sie Ihren Hund, wenn er den Fußball ein kurzes Stück gerollt hat.

5 Ziehen Sie eine deutliche Torlinie, die Ihr Hund überqueren soll.

American Football

Lernziel

Ihr Hund spielt als Center wie auch als Fänger, während er den **Football** rückwärts durch seine Beine passt und losläuft, um den Ball im Lauf zu fangen.

1 Lassen Sie einen Football aus Plüsch vor Ihrem Hund fallen und geben ihm das Kommando „Passen!" Er wird nicht wissen, was Sie wollen, aber Ihr aufgeregter Tonfall wird ihn veranlassen, Verschiedenes auszuprobieren: den Ball aufheben, ihn fallen lassen, ihn in die Luft werfen, bellen, ihn zu Ihnen bringen, mit der Pfote treffen. Sobald er den Ball mit der Pfote trifft, verstärken Sie diesen Moment, indem Sie „Gut!" ausrufen und ihm schnell ein Leckerchen geben.

Hörzeichen
Passen

2 Verlangen Sie allmählich von ihm, dass er den Ball härter trifft, bevor er seine Belohnung bekommt. Verstärken Sie weiterhin den Moment, in dem er das gewünschte Verhalten zeigt, mit dem Ausruf „Gut Passen!"

3 Formen Sie mehrere Übungen zu einer Verhaltenskette: erst lässt der Hund den Football auf **Aus** (Seite 26) fallen, dann **verbeugt** er sich (Seite 164), dann **passt** er und schließlich **fängt** er (Seite 92), nachdem Sie den Ball geworfen haben. Das Verhalten Ihres Hundes hinsichtlich dieses Spielzeugs kann automatisch dazu führen, dass er den Ball mit seinen Pfoten bedeckt, wenn er sich verbeugt. Falls nicht, wird Ihr Hund mit der Zeit lernen, dass „Passen" nach „Verbeugen" kommt und wird den Ball in Erwartung des nächsten Kommandos mit seinen Pfoten bedecken.

Das können Sie erwarten: Dieser Trick kann anfangs für Sie und Ihren Hund frustrierend sein, da er unterschiedliche Verhaltensweisen ausprobieren muss, bis er auf das gewünschte Verhalten stößt. Ihr Timing beim Abpassen des Moments, in dem er dieses Verhalten zeigt, ist entscheidend. Haben Sie Geduld. Ausdauerndes Training macht aus Ihrem Hund einen Star auf dem Spielfeld!

Voraussetzungen
Aus (Seite 26)
Verbeugen (Seite 164)
Hockey Torhüter (Seite 92)

Hilfe, es klappt nicht
Der Pass meines Hundes ist zu schwach. Manche Hunde schieben den Football eher durch ihre Beine als ihn durchzuschleudern. Geben Sie solange keine Leckerchen, bis Ihr Hund frustriert wird und ihn richtig wegschleudert. Geben Sie ihm dann den vollen Jackpot – eine ganze Handvoll Leckerchen!

Tipp Hundetraining ist eine Lehrstunde in Selbstbeherrschung – **Ihrer** Selbstbeherrschung.

1 Fordern Sie Ihren Hund zum Spiel mit einem Football auf und belohnen Sie ihn, wenn er ihn mit seiner Pfote trifft.

2 Fordern Sie Ihren Hund auf, den Ball härter zu treffen, um sich seine Belohnung zu verdienen.

 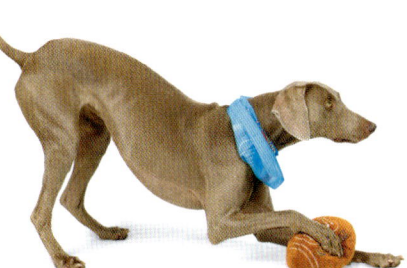 

3 Spielen Sie ein Spiel, in dem Ihr Hund den Football fallen lässt,

sich verbeugt,

den Ball passt

und fängt!

Basketball

Voraussetzungen

Bring (Seite 24)
Aus (Seite 26)

Hilfe, es klappt nicht

Mein Hund verfehlt mit dem Ball immer das Netz.
Der Anfangserfolg eines Korbwurfs hängt weitgehend von Ihrem Timing und der Platzierung Ihrer Belohnung ab. Beobachten Sie seinen Kopf und halten Sie das Leckerchen so, dass der Ball ins Netz fällt, wenn Ihr Hund das Maul öffnet, um das Leckerchen zu fressen.

Aufbauübungen Zwei Körbe, zwei Hunde und ein Eimer voller Bälle garantieren ein mitreißendes Hundebasketball-Spiel!

Tipp Je echter sich das Spiel anfühlt, umso begeisterter wird Ihr Hund dabei sein.

„Ich und mein Hundekumpel sind Basketball-Fans."

Lernziel

Ihr Hund wird die Konkurrenz in Grund und Boden spielen, wenn er den Basketball einnetzt. Nehmen Sie noch einen zweiten Hund hinzu oder fordern Sie Ihre Freunde heraus!

1 Stellen Sie die Korbhöhe eines Spielzeug-Basketballständers so ein, dass Ihr Hund den Korb erreichen kann, wenn er auf allen vier Pfoten steht. Werfen Sie einen Plüsch-Basketball, den er **bringen** soll (Seite 24).

Hörzeichen

Netz

2 Locken Sie ihn mit einem Leckerchen, das Sie gegen das Zielbrett halten und geben ihm das Kommando „Netz".

3 Während er nach dem Leckerchen trachtet, geben Sie das Kommando „Aus" (Seite 26). Er sollte den Ball ins Netz fallen lassen, während er sein Maul aufmacht, um das Leckerchen zu bekommen.

4 Belohnen Sie ihn zunächst, wenn er den Ball irgendwo in der Nähe des Netzes fallen lässt. Mit zunehmendem Fortschritt verlangen Sie einen Korbwurf, bevor Sie ihn belohnen.

5 Erschweren Sie die Übung, indem Sie gegen das Zielbrett klopfen, anstatt ein Leckerchen dagegen zu halten. Mit zunehmendem Fortschritt Ihres Hundes bedeutet das Hörzeichen „Netz" den gesamten Ablauf – vom Bringen des Balls bis zum Korbwurf.

Das können Sie erwarten: Üben Sie diesen Trick zehn Mal pro Übungseinheit, mit Elan und Spaß. Innerhalb weniger Tage werden Sie bereits Fortschritte sehen. Wahre Athleten unter den Hunden können auf ihren Hinterbeinen stehen und ein höheres Netz erreichen. Was für ein Wurf!

1 Werfen Sie einen Basketball, den Ihr Hund bringen soll.

2 Locken Sie ihn zu einem Leckerchen, das Sie gegen das Zielbrett halten.

3 Während er nach dem Leckerchen trachtet, sollte der Ball ins Netz fallen.

5 Bald beherrscht Ihr Hund das Einnetzen alleine!

Hockey-Torwart

Voraussetzungen

Ziel (Seite 145)

Hilfe, es klappt nicht

Ist es normal, dass ein Hund einfach dasteht und zusieht, wie ihn der Ball am Kopf trifft?
Das passiert manchmal. Sie sollten mit dem Ball nicht direkt auf ihn zielen, für den Fall, dass er gerade nicht in der Stimmung ist, ihn zu fangen.

Tipp Verrückt nach Tennisbällen? Übermäßiges Kauen an Tennisbällen kann zu Abnutzungserscheinungen am Gebiss führen. Gummibälle sind eine bessere Alternative.

Lernziel

Ihr vierbeiniger Hockey-Torwart stellt die Konkurrenz kalt, während er sich vor das Netz stellt, um alles, was in seine Richtung geschlagen wird, zu fangen!

1 Die meisten Hunde lernen das Fangen von alleine. Jetzt verknüpfen wir lediglich ein Wort mit dieser Handlung. Suchen Sie einen Gegenstand aus, den Ihr Hund leicht fangen kann, z. B. ein Plüschspielzeug. Spielen Sie etwa eine Minute lang „Weglaufen" damit, werfen es dann zu Ihrem Hund und sagen „Fang!" Loben Sie ihn und wiederholen Sie das Kommando „schön Fang, schön Fang." Bei diesem Trick kommen keine Leckerchen zum Einsatz, da Fangen eine selbstbelohnende Tätigkeit ist.

Hörzeichen
Fang

2 Lassen Sie Ihren Hund ins **Sitz** gehen (Seite 15), während Sie rückwärts gehen und ihm das Spielzeug zuwerfen. Arbeiten Sie mit verschiedenen Spielzeugen und Bällen und verwenden Sie jedes Mal das Kommando „Fang".

3 Jetzt ist es an der Zeit, das Netz hinter Ihrem Hund aufzustellen und den Ball mit einem Hockeyschläger in seine Richtung zu schlagen. Sie wollen Ihren Hund natürlich nicht verletzen, also verwenden Sie weiche, leicht fangbare Bälle, die zu groß sind, um verschluckt zu werden.

4 Nachdem Ihr Hund Ihren Schuss gehalten hat, dreht er vermutlich eine Ehrenrunde auf dem Platz. Jetzt gilt es, ihn dazu zu bringen, sich wieder vor das Netz zu setzen. Mit einem wohlplatzierten **Ziel**objekt (Seite 145) in der Mitte des Netzes locken Sie ihn zum Zielobjekt. Sobald er es berührt, rufen Sie „Fang" und schlagen den Ball in seine Richtung – als Belohnung für sein Verhalten.

Das können Sie erwarten: Ballverrückte Hunde werden stundenlang Hockey-Torwart spielen. Die eigentliche Arbeit könnte letztendlich darin bestehen, ihre Fähigkeiten als Schütze zu perfektionieren!

1 Werfen Sie ein Plüschspielzeug für Ihren Hund und sagen „Fang!"

3 Nehmen Sie Netz und Hockeyschläger hinzu und schlagen Sie einen weichen Ball in Richtung Ihres Hundes.

4 Das Berühren eines Zielobjekts bringt ihn wieder vor das Netz zurück.

Belohnen Sie Ihren Hund mit einem erneuten Ballschuss.

Verstecken

Hilfe, es klappt nicht

Sobald ich das Zimmer verlasse, mogelt mein Hund und bewegt sich aus dem Bleib! Kontrollieren Sie ihn regelmäßig und bringen Sie ihn an die Ausgangsstelle zurück, wenn er sich wegbewegt hat. Kocht Ihr Mitbewohner gerade das Abendessen, lassen Sie Ihren Hund in der Küche absitzen, damit sein Bleib durchgesetzt werden kann.

Aufbauübungen Drehen Sie den Spieß um. Lernen Sie **Versteck' dich** (Seite 96), damit sich Ihr Hund versteckt, während Sie nach ihm suchen.

Tipp Mit diesem Trick lernt Ihr Hund gleichzeitig Ihren Namen.

Lernziel

Ihr Hund verharrt im Bleib, während Sie sich ein Versteck suchen. Sobald Sie ein Freigabekommando rufen, sucht er nach Ihnen!

1 Verstecken ist ein Spiel und kein Gehorsamsdrill. Es soll Ihrem Hund Spaß machen, es darf getobt und gelacht werden! Bringen Sie Ihren Hund ins **Sitz-Bleib** (Seite 15 und 18) und gehen Sie auf die andere Seite des Zimmers. Rufen Sie Ihren Hund mit **Komm/Hier** ab (Seite 19) und belohnen Sie ihn mit einem Leckerchen.

2 Bringen Sie Ihren Hund erneut ins Bleib und gehen Sie nur vor die Zimmertür. Rufen Sie mit begeisterter Stimme das Kommando „Such (und Ihren Namen)" und loben und belohnen Sie ihn, wenn er erfolgreich ist.

3 Suchen Sie sich ein schwierigeres Versteck aus, z. B. hinter einer Tür. Rufen Sie ihn laut, wenn Sie in Ihrem Versteck sind. Ihr Hund wird seine Spürnase einsetzen und Sie aufspüren!

4 Wird das Spiel zu leicht für Ihren Hund? Er kann tatsächlich die Spur zu Ihrem Versteck riechen. Erschweren Sie das Spiel, indem Sie ihn verschiedene Zimmer gehen, bevor Sie Ihr endgültiges Versteck aufsuchen.

Das können Sie erwarten: Dieser Trick ist eine wunderbare Mischung aus Spaß und Lernen! Beim Bleib des Hundes wird die Disziplin geübt und gleichzeitig werden seine natürlichen Fähigkeiten zur Spurensuche gefördert. Die meisten Hunde lieben dieses Spiel und spüren Sie auf, noch bevor Sie bis zwanzig gezählt haben!

Hörzeichen

Such (Name der Person)

1 Bringen Sie Ihren Hund ins Sitz-Bleib und rufen ihn dann mit „Komm/Hier" ab.

Denken Sie daran: es soll ein Spiel sein und kein Gehorsamsdrill.

2 Verstecken Sie sich vor der Zimmertür und rufen Sie Ihren Hund mit dem Kommando „Such (und Ihren Namen)!"

Loben Sie Ihren Hund, wenn er Sie gefunden hat.

3 Suchen Sie schwierigere Verstecke aus, z. B. hinter einer Tür.

Versteck' dich

Lernziel

Wenn Sie Ihrem Hund das Kommando „**Versteck' dich**" geben, versteckt er sich hinter einem beliebigen Gegenstand. Ein großer Hund, der sich hinter einem dünnen Pfosten verstecken will, ist immer gut für einen Lacher!

1 Dieser Trick wird am schnellsten von solchen Hunden gelernt, die sich durch Spielzeug motivieren lassen. Versetzen Sie Ihren Hund mit einem **Bring**-Spiel in eine freudige Stimmung (Seite 24).

(Seite 24)

Hörzeichen
Versteck' dich

2 Stellen Sie einen großen Gegenstand wie einen umgedrehten Picknick-Tisch auf Ihrer Spielfläche auf. Zeigen Sie Ihrem Hund ein Leckerchen und geben Sie ihm das Kommando „Versteck' dich", während Sie es hinter den Tisch werfen. Loben Sie ihn, wenn er hinter den Tisch geht und versuchen Sie, sofort wieder seine Aufmerksamkeit zu bekommen und werfen Sie sein Spielzeug in den Garten. Das Spielzeug ist die Belohnung, während das Leckerchen dazu dient, ihn an die richtige Stelle zu bringen.

3 Lassen Sie die Leckerchen allmählich weg und sagen Sie ihm lediglich „Versteck' dich" und zeigen Sie auf den Tisch. Ihr Hund geht vielleicht nur die halbe Strecke. In diesem Fall gehen Sie auf ihn zu, während Sie weiter auf den Tisch zeigen und ihn dorthin locken. Vielleicht müssen Sie sogar den ganzen Weg zum Tisch gehen, damit er hinter den Tisch geht. Belohnen Sie ihn erst dann mit seinem Spielzeug, wenn er an der richtigen Stelle ist. Das Spielzeug ist sein Anreiz, und je größer sein Verlangen danach ist, umso schneller lernt er.

4 Versteckt er sich hinter dem Tisch, versuchen Sie das Ganze mit anderen Gegenständen. Zeigen Sie auf einen Baum oder die Ecke eines Gebäudes und lassen Sie ihn sich dort verstecken.

Das können Sie erwarten: Sie haben dieses Verhalten vielleicht schon einmal an Ihrem Hund bemerkt, wenn er einer Beute auflauert. Mit Spielzeug motivierte Hunde können sich innerhalb weniger Wochen verstecken. Ihr Hund muss sich gut verstecken, bevor er belohnt wird, ansonsten wird er es sich angewöhnen, zu spicken oder sich millimeterweise vorzuschieben.

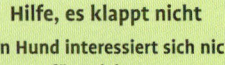

Hilfe, es klappt nicht

Mein Hund interessiert sich nicht für Spielzeug.
Interessiert er sich für Leckerchen? Ihr Hund soll sich verstecken und Sie werfen ihm ein Leckerchen in seinem Versteck zu. Er soll es nicht bei Ihnen abholen, da er sonst aus seinem Versteck kommen würde.

Tipp Üben Sie ohne Sonnenbrille. Beim Training ist Blickkontakt alles.

2 Werfen Sie ein Leckerchen hinter den Tisch und geben Sie Ihrem Hund das Kommando „Versteck' dich".

3 Lassen Sie die Leckerchen allmählich weg, wenn Sie auf den Tisch zeigen und ihm das Kommando „Versteck' dich" geben.

Belohnen Sie Ihren Hund mit einem Spielzeug.

In welcher Hand ist das Leckerchen?

Lernziel

Sie strecken Ihrem Hund Ihre Fäuste entgegen, Ihr Hund schnüffelt an beiden und zeigt an, **in welcher Hand das Leckerchen ist**.

1 Verwenden Sie ein stark riechendes Leckerchen wie Würstchen und nehmen Sie es in eine Ihrer Hände, sodass man es sehen kann. Knien Sie sich vor Ihren Hund und halten Sie ihm Ihre Fäuste in Brusthöhe hin. Fragen Sie ihn „Welche Hand?" und geben Sie das Kommando „Hol's!"

Hörzeichen
Welche Hand?
Sichtzeichen

2 Zeigt Ihr Hund Interesse an der richtigen Hand, indem er entweder ein paar Sekunden lang daran schnuppert oder sie mit der Pfote berührt, sagen Sie „Gut!" und öffnen die Hand, damit er das Leckerchen nehmen kann. Wiederholen Sie diesen Lernschritt mit dem Leckerchen in der anderen Hand.

3 Interessiert sich Ihr Hund für die falsche Hand, sagen Sie „Huch", öffnen die Hand, um ihm zu zeigen, dass nichts drin ist und beenden die Übung. Warten Sie 30 Sekunden lang, bevor Sie es erneut versuchen, damit auf seine falsche Wahl eine negative Reaktion folgt.

4 Steigern Sie den Schwierigkeitsgrad, indem Sie das Leckerchen mit Ihrer Hand vollständig abdecken, aber immer noch ein Luftloch lassen, woran Ihr Hund riechen kann.

5 Warten Sie, bis Ihr Hund jedes Mal die richtige Hand aussucht, bevor Sie dazu übergehen, ihn anstatt mit der Nase mit seiner Pfote anzeigen lassen. Halten Sie Ihre Fäuste dicht über dem Boden. Hat Ihr Hund seine Wahl mit der Nase angezeigt, ziehen Sie die andere Hand zurück und fordern Sie ihn mit dem Kommando „Hol's!" auf, mit der Pfote die richtige Hand zu berühren.

Das können Sie erwarten: Bei diesem Trick treffen zwei Lieblingsbeschäftigungen Ihres Hundes zusammen: der Gebrauch seiner Nase und Leckerchen bekommen! Die Hunde begreifen meistens recht schnell, worum es geht, aber um eine hohe Genauigkeit zu erreichen, muss Ihr Hund ruhig bleiben und die Aufgabe ernst nehmen.

Hilfe, es klappt nicht

Ich glaube, mein Hund rät nur.
Übereifrige Hunde sind derart in Eile, das Leckerchen zu bekommen, dass sie die erste Hand, die sie sehen, berühren. Versuchen Sie, Ihre Fäuste über den Kopf Ihres Hundes zu halten, sodass er sie zwar beschnuppern, sie aber nicht mit den Pfoten berühren kann. Nachdem er beide beschnuppert hat, befehlen Sie ihm zu „Warten", nehmen Ihre Hände herunter und fragen dann „Welche Hand?"

Mein Hund kratzt an meinen Händen.
Lassen Sie Ihren Hund wissen, dass er Ihnen weh getan hat, indem Sie „Autsch! Lass das!" sagen. Handschuhe können hilfreich sein, zumindest solange, bis er diesen Trick beherrscht.

Aufbauübungen Sobald Sie **Welche Hand** beherrschen, können Sie den Schwierigkeitsgrad steigern, indem Ihr Hund beim **Hütchenspiel** (Seite 102) zwischen drei Möglichkeiten wählen darf!

Tipp Pflegen Sie Haut und Fell Ihres Hundes regelmäßig, um ihn für alle Spiele fit zu halten.

1 Strecken Sie Ihrem Hund die Fäuste entgegen und geben Sie das Kommando „Hol's!"

2 Belohnen Sie Ihren Hund, wenn er an der richtigen Hand interessiert ist.

Ostereier suchen

Lernziel

Ihr Hund befindet sich im **Sitz-Bleib**, während Sie den Osterhasen spielen und gefärbte Eier oder Leckerchen um das Haus herum verteilen.

1 Bringen Sie Ihren Hund ins **Sitz-Bleib** (Seite 15 und 18). Halten Sie ihm ein Leckerchen an die Nase und sagen ihm „Riechen", damit er weiß, welchen Geruch er suchen muss. Legen Sie das Leckerchen ein paar Meter weiter weg und schicken Sie ihn los mit „Such!" Loben Sie ihn, wenn er es findet.

Hörzeichen
Riechen
Such

2 Wiederholen Sie dieses Spiel und legen Sie das Leckerchen noch weiter weg. Gehen Sie immer zu Ihrem Hund zurück, bevor Sie ihn aus dem **Bleib** nehmen, da er sonst die schlechte Gewohnheit annehmen könnte, sich wegzuschleichen, während Sie außer Sicht sind.

3 Legen Sie das Leckerchen offen im Nebenzimmer hin. Viele Hunde werden diese Gelegenheit nutzen, um sich in Ihr Zimmer zu schleichen (in dem Glauben, Sie werden es schon nicht merken!). Lassen Sie einen Freund Ihren Hund kontrollieren oder gehen Sie häufig zu ihm zurück, um sicherzugehen, dass er sitzenbleibt. Macht Ihr Hund einen verwirrten Eindruck, ermuntern Sie ihn, indem Sie mit ihm zusammen auf das Leckerchen zulaufen. Suchen Sie bei Fortschritten Ihres Hundes schwierigere Verstecke aus. Kontrollieren Sie seinen Erfolg, damit er nicht frustriert wird und aufgibt. Probieren Sie höhergelegene Verstecke wie einen Couchtisch oder Stühle aus.

4 Verstecken Sie mehrere Leckerchen gleichzeitig im Haus und warten Sie ab, wie viele Ihr Hund findet.

5 Probieren Sie dieses Spiel mit einem gefärbten Ei oder Ball aus. Halten Sie Ihrem Hund den Ball an die Nase und sagen „Riech". Verstecken Sie ihn an einem leichten Versteck und ermuntern Sie ihn, wenn er den Ball gefunden hat, ihn zu Ihnen zurückzubringen und sein Leckerchen abzuholen.

Das können Sie erwarten: Das ist einer der Lieblingstricks aller Hunde, da sie es lieben, ihre Nase einzusetzen und die Jagd genießen! Gemüse als versteckte Leckerchen sind eine kalorienarme Variante und machen genauso viel Spaß. Sie können damit rechnen, dass Ihr Verbeiner innerhalb einer Woche das Kunststück begriffen hat.

Voraussetzungen
Bleib (Seite 18)

Hilfe, es klappt nicht

Mein Hund gibt zu schnell auf.
Der Sinn der Übung ist nicht, Ihren Hund zu überlisten, sondern ihn erfolgreich zu machen. Gehen Sie langsam vor, damit Ihr Hund Vertrauen in seine Fähigkeiten entwickeln kann. Mit der Zeit wird er auch an größeren Herausforderungen Gefallen finden. Stark riechende Leckerchen sind übrigens einfacher zu finden.

Kann ich das Spiel auch mit Ostereiern spielen?
Auf jeden Fall! Zeigen Sie Ihrem Hund ein Ei, wenn Sie ihm sagen „Riech" und schicken Sie ihn los. Aber Achtung – die Eier könnten aufgefressen sein, noch bevor sie ihm Korb liegen!

Tipp Verstecken Sie jedes Mal vor dem Abendessen acht Leckerchen. Ihr Hund wird automatisch die Anzahl der zu suchenden Leckerchen wissen und Sie haben ein paar Minuten Ruhe, um seine Mahlzeit vorzubereiten.

„Ich liiiiiiiebe dieses Spiel! Ich kenne alle Verstecke und kann alle Leckerchen finden, bevor mein Frauchen mit meinem Abendessen fertig ist."

1 Halten Sie Ihrem Hund ein Leckerchen an die Nase und sagen „Riech".

Legen Sie das Leckerchen ein paar Meter weit weg.

Schicken Sie Ihren Hund mit „Such!" los

3 Legen Sie das Leckerchen in das Nebenzimmer und laufen Sie mit ihm mit, um es zu suchen.

4 Verstecken Sie mehrere Leckerchen und warten Sie ab, wie viele Ihr Hund findet.

5 Verstecken Sie einen Ball anstatt eines Leckerchens.

Loben Sie Ihren Hund, wenn er den Ball zurückbringt.

Ringewerfen

Lernziel

Ihr Hund streift Ringe über einen aufrechten Pfosten.

1 Machen Sie Ihren Hund mit dem Pfosten vertraut, indem Sie ihn antippen und „Ziel" sagen (Seite 145). Üben Sie das Kommando **Ziel** ein paar Mal, indem Sie Ihren Hund jedes Mal belohnen, wenn er den Pfosten berührt.

2 Tauchringe aus Kunststoff sind im Sportfachhandel erhältlich. Geben Sie Ihrem Hund einen Ring und sagen Sie dazu das Kommando **Nimm's** (Seite 24). Er soll den Ring am oberen Rand halten, sodass er nach unten über sein Kinn hängt.

3 Hält Ihr Hund den Ring im Maul, geben Sie ihm das Kommando, das **Ziel** zu berühren.

4 Sobald Ihr Hund in der Lage ist, das Ziel mit dem Ring im Maul zu berühren, bieten Sie ihm auf der Spitze des Pfostens ein Leckerchen an und geben das Kommando **Aus** (Seite 26). Belohnen Sie Ihren Hund, wenn er den Ring in der Nähe des Pfostens fallen lässt.

5 Belohnen Sie Ihren Hund mit zunehmendem Fortschritt nur dann, wenn er den Ring über den Pfosten wirft. Tippen Sie den Pfosten an, damit sich der Hund darauf konzentriert und locken Sie ihn, während er den Ring im Maul hält, mit einem Leckerchen nach vorne, bis der untere Rand des Rings den Pfosten berührt. Geben Sie das Kommando „Aus" und loben Sie Ihren Hund sofort und geben ihm das Leckerchen, wenn der Ring über dem Pfosten landet. Verfehlt der Ring den Pfosten, sagen Sie „Huch!" und versuchen es erneut.

6 Beherrscht Ihr Hund das Kunststück, fordern Sie ihn auf, den Ring vom Boden oder von einem anderen Pfosten aufzuheben anstatt ihn aus Ihrer Hand zu nehmen. Vielleicht nimmt er ihn auf und hält ihn am unteren Rand, sodass er den Pfosten wahrscheinlich verfehlt. Durch Versuch und Irrtum wird er selbst herausfinden, dass er den Ring am oberen Rand halten muss. Nimmt er ihn am unteren Rand auf, wird er lernen, den Ring so locker zu halten, dass er nach unten kreiselt. Hunde sind sehr clever!

Das können Sie erwarten: Obwohl dieser Trick unglaublich schwierig aussieht, lernen die Hunde ihn schneller, als man denkt! Üben Sie anfänglich nur etwa fünf Mal pro Übungseinheit, sonst wird es frustrierend für Ihren Hund. Denken Sie daran, dass Sie immer mit einem Erfolgserlebnis aufhören.

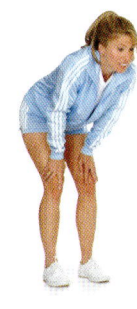

1 Kennzeichnen Sie den Pfosten als Ziel.

2 Geben Sie Ihrem Hund den Ring so, dass er ihn am oberen Rand aufnimmt.

4 Bieten Sie ihm ein Leckerchen in der Nähe der Pfostenspitze an.

5 Konzentrieren Sie seine Aufmerksamkeit auf den Pfosten, bis das untere Ende des Rings den Pfosten berührt.

Geben Sie das Kommando „Aus".

Belohnen Sie Ihren Hund, wenn er den Ring über den Pfosten streift.

6 Lassen Sie Ihren Hund den Ring von einem anderen Pfosten aufnehmen.

Wandeln Sie den Trick ab, indem Sie den Pfosten selbst halten.

Hütchenspiel

Voraussetzungen

Ostereiersuche (Seite 98)
Hilfreich: Welche Hand (Seite 97)
Hilfreich: Pfote geben (Seite 22)

Hilfe, es klappt nicht

Kann ich Tassen anstatt Blumentöpfe benutzen?

Tontöpfe sind gut geeignet, da ihr Gewicht und ihre Form verhindern, dass sie leicht umkippen.
Die Ablauflöcher in den Töpfen veranlassen Ihren Hund dazu, oben am Blumentopf zu schnüffeln anstatt unten, wodurch die Töpfe nicht über den Tisch geschoben werden – Tassen können umkippen oder kaputtgehen, wenn der Hund seine Pfote darauf legt.

Tipp Kontrollieren Sie die Menge an Leckerchen, die Sie geben und ziehen Sie diese von der Abendmahlzeit Ihres Hundes ab.

Lernziel

Bei diesem klassischen Trickbetrug wird eine Erbse unter eines der drei Hütchen gelegt. Nachdem der Trickser schnell die Hütchen beschnüffelt hat, schließt das Publikum eine Wette ab, unter welchem die Erbse versteckt ist. Sie können noch so fingerfertig sein – Ihren Hund können Sie beim Ausfindigmachen der Erbse nicht austricksen!

1 Fangen Sie zunächst mit einem Tonblumentopf auf dem Boden an. Reiben Sie das Innere mit einem Leckerchen ein, damit er stark riecht. Lassen Sie Ihren Hund dabei zusehen, wie Sie ein Leckerchen auf den Boden legen und mit dem Blumentopf zudecken. Geben Sie das Kommando **„Such"** (Seite 98). Stupst er den Blumentopf mit der Nase an oder legt die Pfote auf, loben Sie ihn und heben Sie den Topf hoch, um ihn mit dem Leckerchen zu belohnen.

Hörzeichen
Such!

2 Hat Ihr Hund den Dreh einmal raus – was nicht allzu lange dauern dürfte – halten Sie den Blumentopf fest und ermuntern ihn solange, bis er mit der Pfote danach greift. Tippen Sie sein Fußgelenk an oder verwenden Sie das Wort **„Pfote"** (Seite 23), damit er seine Pfote benutzt. Belohnen Sie jede Berührung mit der Pfote, indem Sie den Blumentopf hochheben. Ihr Hund soll mit weicher Pfote anzeigen und nicht den Blumentopf umwerfen.

3 Nehmen sie nochmals zwei Blumentöpfe hinzu und kennzeichnen Sie den mit Geruch versehenen Topf für Sie als Erinnerungshilfe! Sagen Sie Ihrem Hund mit leiser Stimme „Such!". Tippen Sie den ersten Blumentopf an, damit er mit seiner Nase daran geht, dann den zweiten und zum Schluss den dritten. Legt Ihr Hund seine Pfote auf den falschen Topf, heben Sie ihn nicht hoch, sondern sagen „Huch" und fordern ihn auf, weiterzusuchen. Arbeiten Sie mit unterschiedlichen Stimmlagen: ein ruhiger Ton beruhigt den Hund, während er jeden Topf eifrig beschnüffelt, ein aufgeregter Ton zeigt ihm, dass er richtig getippt hat. Verliert Ihr Hund das Interesse, heben Sie den richtigen Blumentopf schnell hoch und setzen ihn gleich wieder ab, damit er das Leckerchen sieht. Halten Sie die Blumentöpfe gut fest, während Ihr Hund sie beschnüffelt, damit er keinen mit seiner Pfote umwirft.

4 Stellen Sie die Töpfe auf einen niedrigen Tisch als zusätzlichen Schwierigkeitsgrad. Legen Sie ein Leckerchen unter einen der Töpfe und verschieben Sie sie untereinander. Ihr Hund sollte mit weicher Pfote den richtigen Topf anzeigen.

Das können Sie erwarten: Geruchstricks können Ihren Hund geistig ermüden. Gehen Sie sparsam mit Kritik um. Üben Sie nur wenige Male pro Übungseinheit und beenden Sie diese immer mit einem Erfolgserlebnis.

1 Legen Sie ein Leckerchen unter einen Blumentopf. Heben Sie ihn an, wenn Ihr Hund den Topf mit der Nase berührt.

2 Halten Sie den Topf fest, bis Ihr Hund seine Pfote auflegt.

3 Nehmen Sie noch zwei Blumentöpfe hinzu. Halten Sie sie fest und lassen Sie Ihren Hund jeden Topf beschnüffeln.

Verliert er das Interesse, zeigen Sie ihm schnell das Leckerchen.

4 Verschieben Sie die Töpfe untereinander auf einem niedrigen Tisch.

Ihr Hund sollte den richtigen Blumentopf mit weicher Pfote anzeigen.

Vorstehen

Lernziel

Das Vorstehen beim Aufspüren von Beutetieren ist ein instinktives Verhalten. Dabei ist der Hund erstarrt, der Körper gestreckt und gespannt, Rute und Ohren sind aufgerichtet und ein Vorderbein angehoben, wobei die Pfote leicht nach innen zum Körper hin eingedreht ist.

1 Anstatt diesen Trick während Ihrer normalen Übungsstunden zu trainieren, beobachten Sie den Hund, wenn er dieses Verhalten von sich aus zeigt. Merken Sie, wie er intensiv einen Vogel anstarrt, spannen Sie Ihren Körper an und kauern Sie neben ihm nieder.

Hörzeichen
Vorstehen

Dieses Verhalten Ihrerseits verstärkt noch das gezeigte Jagdverhalten. Erhöhen Sie noch seine Spannung, indem Sie mit leiser Stimme sagen „Was ist das? Fängst du das?" Gehen Sie nahe heran, aber versuchen Sie nicht, voranzugehen, da ihn dies zum Loslaufen veranlassen könnte. Ihr Ziel ist es, ihn möglichst lange in dieser konzentrierten Stellung zu halten.

2 Üben Sie im Freien, da dort die Umgebung reizvoller ist. Werfen Sie mit dem Lieblingsball Ihres Hundes, damit er in Schwung kommt. Halten Sie ihn am Halsband fest und werfen Sie den Ball ein paar Meter weit. Verwenden Sie möglichst wenige Worte, um ihn nicht abzulenken, während Sie ihn im Stehen ins **Bleib** bringen (Seite 18).

3 Gehen Sie zu dem Ball, während Sie Ihren Hund im Blick behalten und so das Bleib verstärken. Prellen Sie den Ball mit der Hand zu Boden, um sein Interesse zu wecken. Geben Sie Ihren Hund mit „OK!" frei, damit er sich auf die Beute stürzen kann. Da seine Freigabe zu unterschiedlichen Zeitpunkten erfolgt, lernt er, seinen Körper anzuspannen und in Erwartung des Beutesprungs vorzustehen.

4 Je besser Ihr Hund die Stellung hält, umso mehr können Sie auf eine gute Optik achten, indem Sie über die Unterseite seiner Rute streichen und seine angehobene Pfote antippen.

Das können Sie erwarten: Sporthunde und Hunde mit starkem Jagdeifer lernen diesen Trick am schnellsten, während sanftmütige Hunde die nötige Spannung manchmal nie zeigen.

Voraussetzungen
Hilfreich: Bleib (Seite 18)

Hilfe, es klappt nicht
Fördert dies nicht das Jagen kleiner Tiere?
Vorstehen und Jagen sind zweierlei. Suchen und Vorstehen sind selbstbelohnende Aktivitäten, die nicht notwendigerweise zum Jagen führen.

1 Achten Sie darauf, wann Ihr Hund von sich aus starrt und bauen Sie die Spannung bei ihm auf.

2 Halten Sie Ihren Hund am Halsband fest, während Sie sein Spielzeug werfen.

4 Streben Sie ein auch optisch ansprechendes Vorstehen an.

Auf die Plätze – Fertig – Los!

Lernziel

Sie und Ihr Hund gehen an den Start, während Sie „Auf die Plätze – Fertig" zählen. Auf das Stichwort „Los!" rennen Sie beide gemeinsam unter lautem Geschrei und Gebell los und verursachen Chaos im Haus!

1 Wenn Ihr Hund in fröhlicher und aufgeregter Stimmung ist, halten Sie ihn auf Ihrer linken Seite am Halsband fest. Gehen Sie in die Hocke, als ob Sie lossprinten wollten und sagen in einem spannungsgeladenen, gedehnten Tonfall „Auf die Plätzeeeee …"

> **Hörzeichen**
>
> Auf die Plätze – Fertig – Los!

2 Ihr Hund wird wahrscheinlich sehr aufgeregt sein und versuchen, loszulaufen. Halten Sie ihn am Halsband fest und geben Sie ihm das Kommando **Bleib** (Seite 18) nicht im Befehlston, sondern im Tonfall des Trainers, da Sie möchten, dass er aufgeregt auf den Start wartet.

3 Machen Sie weiter im Countdown mit „Feeeertig …" und lassen dann bei „Looos!" sein Halsband los und spurten davon. Leckerchen sind hier überflüssig, da es ein selbstbelohnendes Spiel ist.

4 Verlangen Sie von Ihrem Hund, dass er während des „Auf die Plätze, fertig, los!" im Bleib verharrt, ohne dass Sie ihn am Halsband festhalten müssen. Läuft er los, beenden Sie das Spiel und rufen ihn zurück. Fangen Sie wieder bei „Auf die Plätze" an.

Das können Sie erwarten: Intelligent und clever wie unsere Hunde nun mal sind, lernen Sie den Übungsablauf von „Auf die Plätze, fertig …" und laufen einen Sekundenbruchteil vor Ihrem Kommando los! Dieser Trick ist eine gute Disziplinübung, um das Bleib durchzusetzen.

> **Voraussetzungen**
>
> Bleib (Seite 18)

> **Hilfe, es klappt nicht**
>
> **Mein Hund dreht total durch!**
> Hunde können bei diesem Spiel völlig überschnappen und sich selbst oder Sie vor lauter Eifer verletzen – suchen Sie sich also eine geeignete Umgebung aus. Setzen Sie dieses Spiel ein, um Ihren Hund vor einem Agility-Wettbewerb „aufzudrehen" oder um für mehr Bewegung zu sorgen.

4 Verlangen Sie, dass Ihr Hund bei Ihnen bleibt, während Sie sagen „Auf die Plätzeeee …"

„feeeertig …"

und geben Sie ihn mit „los!" frei.

Kapitel 7

Springen und fangen

Teamwork

Teamwork heißt das Spiel, in dem Sie und Ihr Partner synchron Sprünge vorführen. Dabei lernen Sie, sich gegenseitig zu vertrauen und einzuschätzen, während Sie gemeinsam ein Kunststück ausführen. Hier ist der Weg das Ziel und die Erfolge bemessen sich an Ihrem Lächeln und am Bellen und Schwanzwedeln Ihres besten Freundes.

Hunde springen für Ihr Leben gern – es ist ein aufregendes und selbstbelohnendes Verhalten. Für den Zuschauer sind Spring- und Fang-Tricks beeindruckend, da sie Tempo, Anmut, Koordination und Sportlichkeit Ihres Hundes zur Geltung bringen. Ein Hund, der springt, ist ein glücklicher Hund und es bleibt einem nichts anderes übrig, als von seiner Lebenslust angesteckt zu werden!

Springen ist aber auch anstrengend und verletzungsträchtig, besonders wenn der Hund konditionell nicht auf der Höhe ist oder gesundheitliche Probleme hat. Bevor Sie mit der Akrobatik loslegen, sollten Sie Ihren Hund vom Tierarzt untersuchen lassen, um sicher zu gehen, dass seine Gelenke und sein Rücken dieser Beanspruchung gewachsen sind. Achten Sie genau auf Anzeichen von Unwohlsein und denken Sie immer daran, Ihren Hund vorher gut aufzuwärmen, indem Sie 10 bis 15 Minuten im Schritt und Trab gehen lassen. Fordern Sie ihn nicht auf, höher zu springen, als er mit mittlerer Anstrengung bewältigen kann und achten Sie auf seinen Bewegungsablauf, damit er gerade und nahezu waagrecht springt und aufkommt.

Über eine Stange springen

Lernziel

Ihr Hund lernt, **über eine Stange zu springen**.

1 Stellen Sie eine Hürde auf oder basteln Sie selbst eine aus zwei Stühlen und einem Besenstiel. Aus Sicherheitsgründen sollte die Stange bei Berührung herunterfallen. Legen Sie die Stange niedrig auf: zwischen Handgelenk und maximal auf Ellbogenhöhe.

Hörzeichen

Hopp oder Spring

2 Laufen Sie mit Ihrem angeleinten Hund auf die Hürde zu. Geben Sie ein begeistertes „Hopp!" als Kommando, während Sie mit ihm über die Stange springen und loben Sie ihn für seinen Erfolg. Sie können auch ein Leckerchen geben, aber die meisten Hunde genießen den Sprung an sich. Zögert Ihr Hund, legen Sie die Stange auf den Boden und laufen Sie mit ihm darüber weg. Ziehen Sie Ihren Hund nicht über die Hürde und lassen Sie ihm viel Zuspruch zuteil werden.

3 Mit steigendem Selbstvertrauen Ihres Hundes können Sie die Stange höher legen. Versuchen Sie, Ihren Hund aus unterschiedlichen Positionen über die Hürde zu schicken. Bringen Sie Ihren Hund ins **Bleib** (Seite 18) und rufen Sie ihn von der anderen Seite der Hürde ab. Oder stellen Sie sich neben die Hürde und winken ihn hinüber. Lassen Sie Ihren Hund Achterfiguren über die Hürde machen: vorwärts springen, die linke Seite umrunden und zurück zu Ihnen, vorwärts springen, die rechte Seite umrunden und zurück zu Ihnen.

Das können Sie erwarten: Die meisten Hunde lieben Springen und werden es schnell begreifen, wenn Ihre Resonanz darauf positiv ist. Innerhalb weniger Tage kann Ihr Hund ein Sprunggenie sein!

Hilfe, es klappt nicht

Mein Hund ist über die Stange gestolpert und hat jetzt Angst davor.
Die Erinnerung Ihres Hundes an diesen Vorfall wird größtenteils durch Ihre Reaktion bestimmt. Ermuntern Sie Ihren Hund, sein Unbehagen „abzulaufen" und stellen Sie künftig sicher, dass die Stange herunterfallen kann und der Boden nicht rutschig ist. Anstelle einer Leine, die sich verwickeln kann, verwenden Sie eine Kurzleine – eine kurze, leichte seilähnliche Minileine.

Aufbauübungen Auf diese Übung können Sie mit **Spring über meinen Rücken** aufbauen (Seite 110).

2 Laufen Sie mit Ihrem angeleinten Hund über die Hürde.

3 Legen Sie die Stange allmählich höher.

Stellen Sie sich auf die andere Seite der Hürde und rufen Sie Ihren Hund zu sich.

Spring über mein Knie

Lernziel

Während Sie auf dem Boden knien, springt Ihr Hund mit Elan über Ihr aufgestelltes Bein.

1 Ihr Hund steht links von Ihnen. Sie knien auf dem Boden, das rechte Bein ausgestreckt. Stützen Sie Ihren Fuß gegen eine Wand. Locken Sie Ihren Hund mit einem Leckerchen zum Sprung über Ihr Bein. Geben Sie das Kommando „Hopp!", während er über Ihr Bein springt. Versucht er, unter Ihrem Bein durchzukommen, halten Sie das Bein tiefer.

Hörzeichen
Hopp

2 Halten Sie Ihr Bein etwas höher. Ihr Hund will vielleicht eher über Ihren Knöchel springen, da dies die niedrigste Stelle ist. Daher müssen Sie Ihr Leckerchen nah am Körper halten, damit Ihr Hund auch in diese Richtung kommt. Bei einem begeisterten Tonfall wird der Sprung höher ausfallen!

3 Halten Sie Ihren Oberschenkel waagrecht und stützen Sie Ihr Knie gegen die Wand. Will Ihr Hund unter Ihrem Bein durch, locken Sie ihn langsam zu sich heran, sodass er zuerst seine Vorderpfoten auf Ihr Bein legt. Lassen Sie ihn in dieser Stellung am Leckerchen knabbern und halten es dann weiter weg. Gleichzeitig rufen Sie begeistert „Hopp!", damit er auch das restliche Stück springt.

4 Rücken Sie von der Wand ab und signalisieren Sie Ihrem Hund mit einer ausholenden Bewegung Ihres rechten Arms, über Ihr Knie zu springen.

Das können Sie erwarten: Das ist ein Trick, der Ihrem Hund Spaß macht – noch dazu einer, der von den meisten Hunden bewältigt wird. Üben Sie immer dann, wenn Ihr Hund voller Energie steckt – dann sollte er den Dreh in ein oder zwei Wochen raus haben!

Aufbauübungen Über das Knie springen ist der erste Lernschritt für **Spring in meine Arme** (Seite 112)

Tipp Lassen Sie Ihren Hund **im Halbkreis hinter Ihrem Rücken herumlaufen** (Seite 166) als Vorbereitung auf einen zweiten Sprung.

1 Locken Sie Ihren Hund zum Sprung über Ihr ausgestrecktes Bein.

2 Halten Sie das Bein höher und fordern Sie Ihren Hund mit „Hopp!" zum Sprung auf.

3 Knien Sie auf den Boden und stützen Ihr aufgestelltes Bein mit dem Knie gegen die Wand.

Spring über meinen Rücken

Lernziel

In einer beeindruckenden Kombination aus Sportlichkeit und Teamarbeit springt Ihr Hund über Ihren gebeugten Rücken.

1 Stellen Sie sich neben das Seitenteil einer Hürde, während Sie Ihren Hund **über die Stange springen** lassen (Seite 108). Legen Sie die Stange in einer Höhe von etwa 50 cm auf.

2 Dieses Mal gehen Sie neben dem Seitenteil in die Hocke.

3 Knien Sie auf Händen und Knien unter der Stange und geben Sie Ihrem Hund das Kommando zum Sprung. Zögert er, lassen Sie einen Freund den Hund zum Sprung bewegen. Hat Ihr Hund zu irgendeinem Zeitpunkt Schwierigkeiten, diesen Trick zu lernen, gehen Sie zum vorigen Lernschritt zurück.

Hörzeichen
Hopp
Sichtzeichen

4 Nehmen Sie die Stange von der Hürde, aber bleiben Sie zwischen den Seitenteilen knien. Üben Sie abwechselnd Sprünge mit und ohne Stange.

5 Legen Sie im Verlauf derselben Übungseinheit die Seitenteile der Hürde auf den Boden und lassen Sie Ihren Hund erneut über Sie hinweg springen.

6 Entfernen Sie die Hürde ganz. Ist Ihr Hund dadurch verwirrt, halten Sie die Stange über Ihren Rücken als Sichtzeichen.

7 Hat sich Ihr Hund daran gewöhnt, über Sie hinweg zu springen, treten Sie etwas zurück und stellen sich mit dem Rücken zu ihm hin, Ihre Arme seitwärts ausgestreckt. Schauen Sie zu ihm zurück und rufen Sie „Hopp!" Während Ihr Hund auf Sie zuläuft, warten Sie bis zum letzten Moment, bevor Sie niederknien. Sehr beeindruckend!

Das können Sie erwarten: Sportliche Hunde schaffen es in nur wenigen Wochen, über Sie hinweg zu springen. Achten Sie darauf, dass der Untergrund für Ihren Hund trittsicher ist und er kontrolliert springt. Schicken Sie ihn nach jedem Sprung zu einem **Ziel** (Seite 145), damit seine Anlaufbahn gerade bleibt. Wiederholt man diesen Trick wenige Male am Tag, bleibt der Hund in Übung, ohne dass er körperlich allzu sehr belastet wird.

Voraussetzungen
Über eine Stange springen (Seite 108)

Hilfe, es klappt nicht
Mein Hund springt von meinem Rücken ab.
Manche Hunde legen beim Sprung lieber einen Zwischenstopp auf Ihrem Rücken ein, während andere Hunde alles tun, um Ihren Rücken nicht zu berühren. Arbeiten Sie gemeinsam mit Ihrem Hund an der für Sie beide besten Methode.

Aufbauübungen
Aufbauend auf dieser Übung lernen Sie **Purzelbaum/Handstandüberschlag** (Seite 114)!

Tipp Wärmen Sie Ihren Hund vor Sprüngen immer gut auf!

1 Schicken Sie Ihren Hund über eine etwa 50 cm hohe Hürdenstange.

2 Gehen Sie neben der Hürde mit einem Bein auf die Knie, während Ihr Hund springt.

3 Knien Sie sich unter die Stange. Lassen Sie einen Freund Ihren Hund über die Stange locken, wenn er zögert.

4 Bleiben Sie in derselben Stellung, nehmen aber die Stange weg.

5 Legen Sie die Seitenteile auf den Boden.

6 Bauen Sie die Hürde ab, halten aber die Stange als Sichtzeichen über Ihren Rücken.

Spring in meine Arme

Lernziel
Ihr Hund springt auf Sie zu, und Sie fangen ihn in der Luft auf.

Sprung von vorne (kleine Hunde)

Hörzeichen
Hopp
Sichtzeichen

1 Setzen Sie sich auf einen Stuhl und fordern Sie Ihren Hund auf, auf Ihren Schoß zu springen, indem Sie auf Ihre Schenkel klopfen und sagen Sie „Hopp!" Motivieren Sie ihn mit Spielzeug oder Leckerchen. Fangen Sie ihn sicher auf und loben und belohnen Sie ihn, während er auf Ihrem Schoß sitzt.

2 Richten Sie sich allmählich aus dem Stuhl auf. Stützen Sie sich mit dem Rücken an einer Wand ab, damit Ihr Hund auf Ihre Standsicherheit vertrauen kann, während er Ihre Schenkel als Absprungrampe benutzt.

3 Mit steigendem Selbstvertrauen Ihres Hundes treten Sie von der Wand zurück. Lassen Sie Ihre Knie weiterhin angewinkelt, damit Ihr Hund eine Absprungrampe hat. Fangen Sie Ihren Hund jedes Mal sicher auf.

Voraussetzungen
Spring über meine Knie (Seite 109)

Hilfe, es klappt nicht

Ich habe meinen Hund fallen lassen! Ihr Hund setzt sehr viel Vertrauen in Sie und muss sicher sein, dass Sie ihn jedes Mal sicher auffangen. Fangen Sie wieder von vorne an und achten Sie darauf, ihn jedes Mal zuverlässig aufzufangen.

Mein Hund hat nicht genügend Elan. Spielzeug kann Ihren Hund unter Umständen stärker motivieren als Leckerchen. Necken Sie ihn mit einem Spielzeug und wenn er springt, werfen Sie das Spielzeug ein paar Zentimeter weit weg und fangen ihn auf!

Tipp Begeisterung entsteht nur durch Begeisterung.

1 Fordern Sie Ihren Hund auf, auf Ihren Schoß zu springen.

Loben Sie ihn, während er auf Ihrem Schoß sitzt.

2 Stützen Sie sich an der Wand ab.

3 Halten Sie Ihre Knie leicht gebeugt.

Sprung von der Seite (kleine oder große Hunde)

1 Lassen Sie Ihren Hund **über Ihr Knie springen** (Seite 109). Ihr Hund sollte auf Ihrer rechten Seite sein, Ihr linkes Knie ist angewinkelt. Halten Sie Ihre linke Hand hoch und weggestreckt als Ziel für Ihren Hund und verwenden Sie ein Spielzeug, wenn das hilft.

2 Stehen Sie etwas auf, sodass Sie Ihr hinteres Knie vom Boden wegnehmen.

3 Richten Sie sich immer mehr auf, bis Sie so stehen, dass Ihr Hund hoch genug springt, um aufgefangen zu werden. Berühren Sie Ihren Hund auf dem Höhepunkt seines Sprungs leicht mit beiden Händen so, wie Sie ihn später auffangen werden. Versuchen Sie nicht, ihn das erste Mal gleich aufzufangen, da dies Ihren Hund erschrecken würde. Erhöhen Sie den Druck und die Dauer Ihres Griffs und konzentrieren Sie sich darauf, Ihren Hund durch seine Sprungkurve zu tragen und ihn danach auf den Boden runterzulassen.

4 Fangen Sie schließlich Ihren Hund am höchsten Punkt seines Sprungs auf und bewegen sich mit ihm in Sprungrichtung weiter, um ein ruckhaftes Abbremsen zu vermeiden. Achten Sie auf gute Gewichtsverteilung und üben Sie nicht zu viel Druck auf Nacken oder Bauch Ihres Hundes aus.

Das können Sie erwarten: Dieser Trick erfordert viel Körpereinsatz von Ihrem Hund sowie großes Vertrauen in Ihre Fähigkeit, ihn zu halten. Manche Mensch-Hund-Teams können diesen Trick niemals zustande bringen.

1 Lassen Sie Ihren Hund über Ihr Knie springen.

2 Nehmen Sie Ihr hinteres Knie vom Boden weg.

3 Berühren Sie Ihren Hund leicht während des Sprungs.

4 Fangen Sie Ihren Hund auf dem Höhepunkt seines Sprungs auf.

Purzelbaum/Handstandüberschlag

Lernziel

Dieser spektakuläre Trick erfordert exakte Übereinstimmung der Bewegungen und vollständiges Vertrauen, da Sie einen Purzelbaum oder Handstand machen, während Ihr Hund zwischen Ihren Beinen hindurch springt.

Purzelbaum

Hörzeichen
Purzelbaum

1 Ihr Hund kann bereits von hinten **über Ihren Rücken springen** (Seite 110). Arbeiten Sie nun mit ihm daran, dass er in die entgegengesetzte Richtung springt. Gehen Sie vor Ihrem Hund mit seitlich ausgestreckten Armen in die Hocke, den Kopf zur Seite gewandt, sodass Sie während des Sprungs Blickkontakt zu Ihrem Hund halten können.

2 Machen Sie als nächstes einen Purzelbaum in Zeitlupe. Gehen Sie auf Ihren Hund zu, mit hochgestreckten Armen, so wie später Ihr Sichtzeichen aussehen wird. Gehen Sie in die Hocke und sagen zu Ihrem Hund „Purzelbaum, hopp!" Wenn er auf sie zuspringt, setzen Sie beide Hände in Schulterbreite auf den Boden, nehmen den Kopf zwischen Ihre Hände und drücken das Kinn gegen Ihre Brust und rollen sich nach vorne ab. Üben Sie diesen Lernschritt mehrere Wochen lang, bevor Sie nach vorne gehen, da ein Zusammenstoß mit Ihrem Hund ihn in seinen Fortschritten erheblich zurückwerfen würde.

3 Jetzt soll Ihr Hund in der Mitte des Purzelbaums über Sie hinwegspringen. Er wird seine Geschwindigkeit und Entfernung einschätzen müssen und ist anfangs vielleicht nicht erfolgreich. Ziehen Sie angesichts möglicher Zusammenstöße mit Ihrem Hund Ihre Schuhe aus. Machen Sie Ihren Purzelbaum langsam, aber am Stück. Schreckt Ihr Hund vor dem Sprung zurück, versuchen Sie es erneut und loben ihn überschwänglich, wenn er erfolgreich springt.

4 Bilden Sie mit Ihren Beinen ein V, durch das Ihr Hund durchspringt! Ihr Hund ist anfangs vielleicht unvorbereitet, wenn Sie Ihre Beine grätschen und stößt mit Ihnen zusammen. Bringen Sie ihm diese Figur bei, indem Sie Ihren Purzelbaum mit gegrätschten Beinen beginnen und halten Sie Ihre Beine die ganze Zeit gegrätscht.

Voraussetzungen:
Spring über meinen Rücken (Seite 110)

Aufbauübungen Ihr Hund trägt dabei einen Tambourstab (Seite 116)!

Tipp Tragen Sie Schutzausrüstung, wenn Sie einen Handstand machen.

1 Gehen Sie mit dem Gesicht zu Ihrem Hund in die Hocke, wenn er über Sie hinweg springt.

2 Beenden Sie den Purzelbaum, nachdem Ihr Hund über Sie hinweg gesprungen ist.

3 Versuchen Sie, sich abzurollen, während Ihr Hund über Sie hinweg springt.

Handstand

1 Üben Sie einen Solo-Handstand. Beginnen Sie mit Schwungholen, beide Arme nach oben und leicht nach vorne gestreckt. Stoßen Sie sich mit Ihrem Vorderbein ab, während Ihre Hände auf dem Boden aufsetzen und Ihr Hinterbein nach oben geht. Ihre Füße sollten gerade nach oben zeigen und zusammen sein. Grätschen Sie die Beine, damit Sie ein breites V bilden, durch das Ihr Hund hindurchspringen kann. Senken Sie den Kopf auf den Boden ab, drücken Ihr Kinn gegen die Brust und rollen nach vorne ab, um den Handstand zu beenden.

2 Ziehen Sie Ihre Schuhe aus! Fangen Sie mit einem Purzelbaum-Sprung an und steigern Sie sich zu immer höheren Purzelbäumen. Bei Ihren ersten Handständen sollten Sie mit dem Kopf nach unten gehen, bevor Ihre Füße überhaupt nach oben gestreckt sind.

Das können Sie erwarten: Es gibt nur wenige Hund-Trainer-Teams, die dieses Kunststück vorführen können. Größe, Sprungkraft, Selbstsicherheit und Vertrauen spielen dabei eine Rolle. Wenn Sie diesen Trick beherrschen, sind Sie die Sensation der ganzen Stadt!

 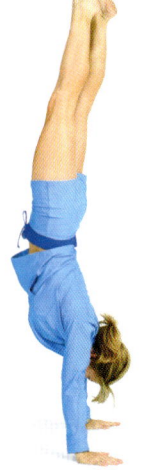   

1 Bei einem Handstand beginnen Sie mit Schwungholen,

bringen beide Füße senkrecht nach oben,

gehen mit dem Kopf nach unten und drücken Ihr Kinn gegen die Brust,

rollen sich nach vorne ab,

und beenden den Handstand.

Springen über einen Tambourstab

Tipp Sicherheit ist wichtig. Kontrollieren Sie die Umgebung, Ihre Requisiten, untersuchen Sie Ihren Hund auf Verletzungen und überlegen Sie, was alles schief gehen könnte – um dem vorzubeugen.

Lernziel

Ihr Hund springt über Ihren Tambourstab, während er selbst einen hält. Fantasievolle Stellungen machen aus diesem Trick eine regelrechte Zirkusnummer!

1 Machen Sie mit Ihrem Hund Aufwärmübungen mit **Über eine Stange springen** (Seite 108). Stehen Sie neben der Hürde und signalisieren Sie Ihrem Hund mit dem ihm abgewandten Arm schwungvoll, dass er darüber springen soll.

Hörzeichen
Hopp
Tambourstab

2 Bauen Sie die Hürde ab und halten Sie nur die Stange parallel zum Boden mit dem Hund zugewandten Arm. Geben Sie das Kommando „Hopp" und locken Sie ihn mit einem Leckerchen in Ihrer anderen Hand über die Stange. Will Ihr Hund um die Stange herumgehen, halten Sie das andere Ende gegen eine Wand.

3 Probieren Sie nach jedem Sprung unterschiedliche Körperhaltungen innerhalb einer Sprungsequenz aus. Schmücken Sie Ihren Tambourstab oder verwenden Sie einen auffälligen Stab.

4 Machen Sie für Ihren Hund einen eigen Stab, den er halten kann. Suchen Sie einen Gegenstand aus, den Ihr Hund gerne im Maul trägt. Ein Stück Schlauch oder Bewässerungsrohr, das mit buntem Isolierband umwickelt ist, funktioniert gut, ebenso ein im Tierfachhandel erhältliches Wurfholz mit tennisballähnlicher Beschichtung. Verknüpfen Sie das Wort „Tambourstab" mit diesem Gegenstand und geben Sie Ihrem Hund das Kommando „Nimm's" (Seite 25) und halten Sie seinen Stab, während er springt!

Das können Sie erwarten: Ihr Hund kann die Grundlagen, über den Tambourstab zu springen, in wenigen Wochen lernen. Jede neue Körperhaltung Ihrerseits erfordert jedoch eine gewisse Lernphase während Sie und Ihr Hund die genauen Abläufe austüfteln. Diese Teamarbeit führt zu wahrhaft enger Verbundenheit zwischen Ihnen beiden.

> „Manchmal möchte ich meinen Tambourstab nicht halten, manchmal halte ich ihn nur am einen Ende im Maulwinkel fest."

1 Schicken Sie Ihren Hund mit einer schwungvollen Armbewegung zum Sprung über die Stange.

2 Halten Sie die Stange gegen eine Wand und locken Sie Ihren Hund zum Sprung über die Stange.

3 Verwenden Sie einen auffälligen Tambourstab und probieren Sie verschiedene Körperhaltungen aus.

4 Verwenden Sie für Ihren Hund einen Tambourstab, den er leicht halten kann.

Seilhüpfen

Lernziel

Auch Hunde können **seilhüpfen** lernen, wenn das Seil geschwungen wird. Lassen Sie zwei Personen das Seil halten oder halten Sie alleine das Seil, während Sie mit Ihrem Hund gemeinsam hüpfen.

1 Lassen Sie Ihren Hund auf einen Türvorleger oder ein Stück Teppich stehen. Üben Sie **Freuden-sprung** (Seite 175), wobei Ihr Hund auf dem Vorleger landet. Vergrößern Sie allmählich den Abstand zu Ihrem Hund, sodass Sie etwas weiter weg stehen können, während er weiterhin auf dem Vorleger springt.

Hörzeichen
Hopp

2 Verwenden Sie ein 2 m langes, lockeres und leichtes Seil und befestigen Sie das eine Ende auf Hüfthöhe an einem Gegenstand. Schwingen Sie das Seil langsam hin und her, während Ihr Hund auf dem Vorleger steht, damit er sich daran gewöhnt.

3 Geben Sie das Kommando **Freudensprung** und versuchen Sie, das Seil unter Ihrem Hund durchzuschwingen. Versuchen Sie keinen vollständigen Seilschwung. Belohnen Sie zunächst Ihren Hund für's Springen, unabhängig davon, ob das Seil erfolgreich unter ihm durchgeschwungen werden konnte oder nicht. Ihr Hund muss erst den Rhythmus des Seils lernen. Inzwischen ist das Timing Ihres Kommandos entscheidend für einen erfolgreichen Sprung.

4 Kann Ihr Hund über das Seil hüpfen, können Sie einen zweiten Sprung wagen! Bleibt Ihr Hund lange in der Luft oder ist er vom Körper her eher kurz, schwingen Sie das Seil langsamer. Konzentrieren Sie sich darauf, das Seil tief unter ihm hindurchzuschwingen.

Das können Sie erwarten: Selbst die cleversten Vierbeiner brauchen Monate, um diesen Trick zu beherrschen. Die vollkommene Übereinstimmung Ihrer beider Bewegungen ist der Schlüssel zum Erfolg und Sie und Ihr Hund brauchen einfach Zeit, um dieselbe Wellenlänge zu erreichen. Halten Sie die Übungseinheiten kurz, legen Sie viel Begeisterung an den Tag und eines Tages stellen Sie fest, dass Ihr Hund seilhüpfen kann! Sobald Sie das Seilhüpfen mit einem einseitig fixierten Seil beherrschen, halten Sie das Seil an beiden Enden und hüpfen Sie gemeinsam mit Ihrem Hund seil, wobei er mit dem Gesicht Ihnen zugewandt ist.

Ihr Hund darf für alle Sprungübungen keine Beeinträchtigungen am Bewegungsapparat haben!

Voraussetzungen
Freudensprung (Seite 175)

Hilfe, es klappt nicht

Mein Hund springt hin zu mir und weg vom Vorleger.
Wenn er zum Sprung ansetzt, bewegen Sie sich auf ihn zu und drängen ihn zurück. Belohnen Sie ihn, wenn er auf dem Vorleger landet.

Mein Hund springt nicht hoch genug über das Seil.
Versuchen Sie es mit einem Hula-Hoop-Reifen. Dann spürt Ihr Hund besser, wenn er nicht hoch genug springt.

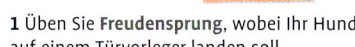

1 Üben Sie **Freudensprung**, wobei Ihr Hund auf einem Türvorleger landen soll.

2 Machen Sie Ihren Hund mit dem Seil vertraut.

3 Geben Sie das Kommando **Freudensprung** und schwingen Sie das Seil unter Ihrem Hund hindurch.

4 Machen Sie noch einen Sprung – oder nehmen Sie einen zweiten Hund hinzu!

Frisbee für Anfänger

Lernziel

Beim Verfolgen und Fangen einer fliegenden Frisbee-Scheibe kann der Hund seinen Beutetrieb ausleben.

1 Verwenden Sie eine speziell für Hunde entwickelte weiche oder flexible Frisbee-Scheibe. Wurfscheiben aus hartem Kunststoff könnten Ihren Hund am Maul und Gebiss verletzen.
Halten Sie den Frisbee parallel zum Boden, die Finger unter den Rand gelegt und den Zeigefinger halb gestreckt. Dabei stehen Sie mit den Schultern im rechten Winkel zu Ihrem Ziel. Schwingen Sie den Wurfarm mit dem Frisbee vor Ihrem Körper nach links in einer Ausholbewegung und schwingen den Wurfarm von hinten in Wurfrichtung. Lassen Sie Ellbogen und Handgelenk schnellen und lassen Sie dann den Frisbee los.

Hörzeichen
Frisbee oder Fang

2 Gewähren Sie Ihrem Hund keinen freien Zugang zu seinem Frisbee – verstecken Sie ihn, um seine Attrktivität zu erhöhen. Ist Ihr Hund zum Spielen aufgelegt, rotieren Sie den Frisbee auf der Oberseite um seine eigene Achse. Zeigt sich Ihr Hund interessiert, werfen Sie einen „Roller" – rollen Sie den Frisbee auf seinem Rand wie ein Rad. Beenden Sie die Spielstunde, solange Ihr Hund noch stark interessiert ist.

3 Verfolgt Ihr Hund den Frisbee, fordern Sie ihn auf, den Frisbee zu Ihnen zurückzubringen, indem Sie in die Hände klatschen und ihn mit **Komm/Hier** (Seite 19) rufen. Kommt er nicht, laufen Sie ihm nicht hinterher, sondern kehren ihm stattdessen den Rücken zu und beachten ihn nicht.

4 Bringen Sie Ihrem Hund bei, den Frisbee in der Luft zu fangen, indem Sie die Wurfscheibe in einer tiefen flachen Flugbahn werfen. Zielen Sie mit dem Frisbee nicht direkt auf Ihren Hund.

5 Ihr Hund muss den Frisbee auf das Kommando **Aus** (Seite 26) fallen lassen, nachdem er ihn Ihnen gebracht hat. Verwenden Sie möglichst zwei identische Frisbees und werfen Sie den zweiten, sobald er den ersten fallen lässt.

Das können Sie erwarten: Geben Sie nicht auf, wenn Ihr Hund nicht sofort einen Fang in der Luft beherrscht – es kann Monate dauern, bis sich seine Koordination so weit eingespielt hat. Hunde unter 14 Monaten sollten noch nicht Frisbee spielen, und alle Hunde sollten generell von einem Tierarzt auf gute Gesundheit untersucht werden. Hunde sollten so springen, dass sie mit allen vier Pfoten auf dem Boden landen und nicht auf nur zwei Pfoten, das belastet Wirbelsäule und Gelenke stark.

Hunde mit langem Rücken oder Gelenk- und Rückenproblemen sollten keine Sprünge machen!

Aufbauübungen Erhöhen Sie den Schwierigkeitsgrad, indem Sie **Frisbeesprung von meinem Bein** (Seite 122) lernen!

Tipp 13–23 kg schwere Hütehunde sind Naturtalente im Hundefrisbee!

„Ich jage gerne meinem Frisbee hinterher, springe hoch und schnappe ihn mir. Hab' dich!"

1 Eine gute Wurftechnik schickt den Frisbee auf eine tiefe, flache Flugbahn. Halten Sie den Frisbee parallel zum Boden, die Finger unter den Rand gelegt und den Zeigefinger halb gestreckt.

2 Rotieren Sie den Frisbee um die eigene Achse, um Ihren Hund dafür zu interessieren.

Rollen Sie den Frisbee auf seinem Rand.

4 Bringen Sie Ihrem Hund bei, den Frisbee in der Luft zu fangen.

Frisbeeabsprung von meinem Bein

Lernziel

Ihr Hund springt von Ihrem angewinkelten Oberschenkel ab, um einen fliegenden Frisbee zu fangen.

1 Im ersten Schritt werden zwei Kunststücke miteinander kombiniert, die Ihr Hund bereits beherrscht: **Spring über mein Knie** (Seite 109) und **Fang einen Frisbee** (Seite 120). Knien Sie hin und winkeln Sie als Rechtshänder das rechte Bein an. Ihr Hund steht links von Ihnen. Schlagen Sie mit Ihrer rechten Hand den Frisbee an Ihren Oberschenkel und halten Sie ihn hoch nach rechts und ermuntern so Ihren Hund, Ihren Oberschenkel als Absprungrampe zu benutzen, um den Frisbee zu erreichen.

Hörzeichen
Frisbee oder Fang
Sichtzeichen

2 Springt Ihr Hund erst einmal von Ihrem Bein ab und nimmt den Frisbee aus Ihrer Hand, können Sie die ersten kurzen Würfe üben. Denken Sie daran, zuerst mit dem Frisbee gegen Ihren Oberschenkel zu schlagen als Signal für Ihren Hund, dass er springen soll.

3 Stellen Sie sich wie ein Flamingo hin, eine Ferse gegen Ihren Oberschenkel gestützt. Beginnen Sie damit, dass Ihr Hund den Frisbee aus Ihrer Hand nimmt und arbeiten Sie sich vor bis zu kurzen Würfen. Jetzt geht Ihr Hund so richtig in die Luft!

Das können Sie erwarten: Bei diesem Trick kommt es auf exaktes Timing und genaues Werfen des Frisbees an. Gleichzeitig ist der Trick ein wertvoller Lernprozess für Sie beide. Halten Sie Ihren Hund motiviert, indem Sie genau dann aufhören, wenn er noch weitermachen möchte!

Voraussetzungen
Frisbee für Anfänger (Seite 120)
Spring über mein Knie (Seite 109)

Aufbauübungen Sobald Sie den **Absprung vom Bein** beherrschen, versuchen Sie es mit einem Absprung von Ihrem Rücken!

Tipp Ein Oberschenkelschützer aus einem Sportartikelgeschäft ist ein guter Schutz vor Kratzern.

1 Ihr Hund steht links von Ihnen, Ihr rechtes Bein ist angewinkelt.

Lassen Sie ihn von Ihrem Knie abspringen und den Frisbee schnappen.

2 Machen Sie kurze Würfe.

3 Stellen Sie sich der Herausforderung, auf einem Bein wie ein Flamingo zu stehen!

Springen und fangen   **123**

Kapitel 8

Durch Reifen springen

Feuerreifen des Todes (in Wirklichkeit mit orangenen Bändern dekorierte Hula-Hoop-Reifen) sind kein Thema für Ihren couragierten Vierbeiner, wenn er zuversichtlich durch drehende, rollende und mit Papier bespannte Reifen springt und fliegt!

Das Tolle an Reifen ist, dass wirklich jeder Hund Tricks lernen kann, bei denen Reifen vorkommen. Mit etwas Fantasie sind der Vielzahl an Tricks, die man vorführen kann, keine Grenzen gesetzt: rollende Reifen, Arme, die einen Kreis bilden, Reifen, die auf dem Boden liegen, Reifen über Ihrem Rücken, über den Reifen, unter dem Reifen durch, kleine Reifen, große Reifen und sogar zwei Reifen!

Hat Ihr Hund einmal einen Reifentrick gelernt, wird er ihn nie mehr vergessen. Hunde stellen schnell eine Verbindung zwischen anderen runden Gegenständen her, wie zum Beispiel dem Autoreifen-hindernis im Agility-Sport und selbst Ihren zum Kreis geformten Armen. Egal, wo Sie sind, Sie können immer und überall einen Kreis improvisieren und Ihre Freunde in Begeisterung versetzen!

Reifensprung

Lernziel

Ihr Hund springt entweder durch einen festmontierten oder in der Hand gehaltenen Reifen.

1 Entfernen Sie die lauten Perlen eines Spielzeug-Hula-Hoop-Reifens, damit Ihr Hund nicht erschrickt. Halten Sie den Reifen mit der dem Hund zugewandten Hand am Boden fest, sagen „Hopp!" und locken ihn mit einem Leckerchen in der anderen Hand durch den Reifen. Loben Sie ihn, wenn er durch den Reifen durchgeht und geben Sie ihm das Leckerchen. Manche Hunde haben das erste Mal Angst, durch den Reifen zu gehen. In diesem Fall können Sie ihn mit der Leine durch den Reifen führen. Damit Ihr Hund nicht um den Reifen herumgeht, stellen Sie sich samt Reifen im Türdurchgang auf.

Hörzeichen
Hopp

2 Sobald Ihr Hund begriffen hat, worum es geht, heben Sie den Reifen etwas vom Boden weg. Manchmal verheddern sich Hunde im Reifen – lassen Sie also den Reifen los, sobald Sie Widerstand spüren.

3 Vorausgesetzt, Ihr Hund ist körperlich in der Lage dazu, halten Sie den Reifen noch etwas höher, sodass Ihr Hund springen muss, um durchzukommen. Versuchen Sie, dass er Anlauf nehmen kann oder benutzen Sie Ihre Hand auf der anderen Seite des Reifens, um ihn nach oben zu locken. Um kein Verletzungsrisiko einzugehen, weil sich Ihr Hund in der Luft drehen könnte, gewöhnen Sie es sich an, das Leckerchen vor Ihren Hund zu werfen, sodass er nicht zu Ihnen kommen muss, um es sich zu holen.

Das können Sie erwarten: Hunde haben den Dreh, durch den Reifen zu springen, meist in ein paar Wochen raus und springen mit Begeisterung hindurch. Verzieren Sie Ihren Reifen und probieren Sie verschiedene Stellungen aus, um Ihre Darbietung aufzupeppen.

Hilfe, es klappt nicht

Der Reifen fiel auf meinen Hund und jetzt hat er Angst vor ihm!
Ihre Ängste übertragen sich auf Ihren Hund. Üben Sie einfach weiter, aber gehen Sie in der Schwierigkeitsstufe deutlich zurück.

Tipp Beenden Sie die Übungseinheit, wenn es am schönsten ist – verlangen Sie von Ihrem Hund einen Trick, den er bereits kann und belohnen Sie ihn für seine Glanzleistung!

1 Locken Sie Ihren Hund mit einem Leckerchen durch den Reifen.

2 Halten Sie den Reifen vom Boden weg.

3 Werfen Sie das Leckerchen, während Ihr Hund durch den Reifen springt.

Spring durch meine Arme

Hilfe, es klappt nicht

**Mein Hund ist zu groß,
um durch meine Arme zu passen.**
Halten Sie Ihre Arme weiter auseinander
oder halten Sie eine Wurfscheibe
oder ein Seil zwischen Ihren Händen.

**Mein Hund springt zwar
durch den Reifen, zögert aber, durch
meine Arme zu springen.**
Manche Hunde fürchten sich davor, so
dicht an Ihren Armen und Ihrem Kopf zu
springen. Üben Sie abwechselnd Reifensprünge und Sprünge durch Ihre Arme.

Aufbauübungen Beherrscht Ihr Hund
einmal **Spring durch meine Arme**,
braucht es nur wenig, bis er den
Reifensprung über meinen Rücken lernt
(Seite 132).

Tipp Verletzt Ihr Hund Sie versehentlich,
lassen Sie es sich nicht anmerken.
Sonst wird er zögern, ein Kunststück
auszuführen, das Sie verletzen könnte.

Lernziel

Ihr Hund springt durch einen von Ihren Armen gebildeten Kreis.

1 Wärmen Sie sich und Ihren Hund gut auf und
üben Sie ein paar **Reifensprünge** (Seite 125).

2 Nehmen Sie allmählich Ihre Arme so weit
auseinander, dass sie um den Reifen passen,
während der Hund weiterhin durch den Reifen
springt. Bringen Sie Ihren Kopf in Sicherheit!

3 Legen Sie im Verlauf der Übungseinheit den
Reifen zur Seite und geben Sie Ihrem Hund das
Kommando, nur durch Ihre Arme zu springen.
Bei einem größeren Hund können Sie Ihre
Hände wahrscheinlich nicht zusammenlassen.
Verweigert sich Ihr Hund, gehen Sie zurück zum
Sprung durch den Reifen.

4 Lassen Sie Ihre Fantasie spielen. Ihr Hund kann lernen, durch von Ihren
Armen oder Beinen gebildete Kreise zu springen.

Das können Sie erwarten: Bei diesem Trick machen Hunde manchmal zwei
Schritte vor und einen zurück. Am ersten Tag springt Ihr Hund durch Ihre
Arme, braucht aber am nächsten Tag den Reifen zur Wiederauffrischung.

Hörzeichen
Hopp
Sichtzeichen

1 Machen Sie Aufwärmübungen mit Reifensprüngen.

2 Legen Sie Ihre Arme um den Reifen.

Bringen Sie Ihren Kopf in Sicherheit, während Sie Ihre Arme noch weiter auseinandernehmen.

4 Bilden Sie auch mit anderen Körperteilen Kreise.

Doppelreifen

Voraussetzungen

Reifensprung (Seite 125)

Hilfe, es klappt nicht

Mein Hund stößt jedes Mal an die Reifen an, anstatt sauber durchzuspringen!
Ihr Hund mogelt beim Springen. Treten Sie genau vor seinem Sprung einen Schritt zurück, um ihm einen guten Start zu ermöglichen.

Tipp Ihr Hund startet immer links von Ihnen, was bedeutet, dass er mit seinen Reifensprüngen einen Kreis im Uhrzeigersinn beschreibt.

„Bei dem Trick darf ich nicht schubsen"

Lernziel

Ihr Hund läuft um Sie herum, wobei er auf jeder Seite durch je einen Reifen in Ihrer Hand springt.

Reifenkreis

Hörzeichen
Hopp

1 Wenn Sie vor Ihrem Hund stehen, halten Sie Leckerchen in Ihrer linken Hand hinter dem Rücken bereit und einen Reifen seitlich in ihrer rechten Hand. Geben Sie Ihrem Hund das Kommando „Hopp" und belohnen Sie ihn mit einem Leckerchen aus Ihrer linken Hand hinter Ihrem Rücken.

2 Wechseln Sie den Reifen auf Ihre linke Seite und geben Sie Ihrem Hund nochmals das Kommando „Hopp", wobei Sie ihn dieses Mal vor Ihnen mit der rechten Hand belohnen (eine Gürteltasche ist hierbei sehr praktisch).

3 Nehmen Sie einen zweiten Reifen hinzu. Da Sie keine Hand frei haben, Ihren Hund zu führen, signalisieren Sie mit Ihrem Kopf den richtigen Reifen. Stellen Sie den linken Reifen vor Ihre Füße und halten Sie den rechten Reifen zur Seite. Schauen Sie auf den rechten Reifen und bewegen Sie ihn etwas, damit er sich von dem anderen Reifen unterscheidet. Fordern Sie Ihren Hund zum Sprung durch den Reifen auf und sagen Sie „Gut", wenn er es tut, bieten ihm aber kein Leckerchen an. Stattdessen nehmen Sie sofort den rechten Reifen herunter und stellen ihn vor Ihre Füße und halten den linken Reifen zur Seite, drehen Ihren Kopf in dieselbe Richtung und fordern Ihren Hund zum Sprung durch diesen Reifen auf. Springt er durch den linken Reifen, geben Sie ihm ein Leckerchen (es ist in Ordnung, an diesem Punkt die Reifen fallen zu lassen).

4 Sobald Sie für drei Sprünge bereit sind, helfen Sie Ihrem Hund bei dem dritten Sprung, indem Sie den rechten Reifen nach seinem zweiten Sprung zu ihm hin ausrichten. Beenden Sie die Übung immer damit, dass Ihr Hund durch den linken Reifen mit Blickkontakt springt.

1 Halten Sie den Reifen auf der rechten Seite und geben Sie dem Hund ein Leckerchen hinter Ihrem Rücken.

2 Wechseln Sie den Reifen auf die linke Seite und belohnen Sie den Hund von vorne.

3 Stellen Sie den linken Reifen vor Ihre Beine.

Stellen Sie den rechten Reifen vor Ihre Beine.

4 Richten Sie den rechten Reifen für den dritten Sprung aus.

(Fortsetzung S. 130)

Durch Reifen springen **129**

Doppelreifen (Fortsetzung)

Voraussetzungen

Reifensprung (Seite 125)
Hilfreich: Beinslalom (Seite 170)

Hilfe, es klappt nicht

Mein Hund dreht sich nach dem Sprung durch den rechten Reifen rechtsherum! Ihr Hund sollte sich nach dem Sprung durch den rechten Reifen nach links drehen und umgekehrt. Dazu müssen Sie schnell reagieren und den linken Reifen bereits dann nach vorne holen, wenn sich das Hinterteil Ihres Hundes noch im rechten Reifen befindet. So lernt Ihr Hund mit der Zeit, dass er sich links-herum drehen muss.

Tipp Üben Sie vielleicht ohne Hund Ihre Armfertigkeit, damit Sie immer schnell genug mit dem passenden Reifen zur Stelle sind.

Lernziel

Ihr Hund springt abwechselnd durch zwei Reifen, während Sie gehen.

Reifenslalom

1 Dieser Trick sieht einem **Beinslalom** (Seite 170) sehr ähnlich. Starten Sie mit Ihrem Hund auf der linken Seite, während Sie mit der rechten Hand einen Reifen vor Ihren rechten Oberschenkel halten. Machen Sie einen Schritt mit Ihrem rechten Bein und geben Sie Ihrem Hund das Kommando „Hopp!"

Hörzeichen

Hopp

2 Nehmen Sie den Reifen sofort in die linke Hand und halten Sie ihn vor Ihren linken Oberschenkel, während Sie den nächsten Schritt machen. Hat Ihr Hund Schwierigkeiten, in diese Richtung zu springen, halten Sie den Reifen in der rechten Hand (immer noch vor den linken Oberschenkel) und locken Sie Ihren Hund mit einem Leckerchen in Ihrer linken Hand durch den Reifen. Üben Sie solange, bis Ihr Hund während dem Lauf abwechselnd links und rechts durch den Reifen springt.

3 Jetzt nehmen Sie einen zweiten Reifen hinzu. Während Ihr Hund sich links von Ihnen befindet, halten Sie den linken Reifen vor Ihren Körper, sodass Ihr Hund nur den Rand davon sieht. Nehmen Sie den rechten Reifen vor Ihr rechtes Bein und lassen Sie ihn durchspringen. Sobald er durchgesprungen ist, kehren Sie die Reifenposition um, sodass der rechte Reifen jetzt vor Ihrem Körper ist, während Sie mit dem linken Fuß einen Schritt machen.

4 Halten Sie beide Reifen parallel zueinander, während Sie zuerst den einen und dann den anderen Reifen beim Laufen vor Ihre Beine halten. Halten Sie den nicht benutzten Reifen mittig vor Ihr Bein, sodass Ihr Hund nicht durch-springen kann.

Das können Sie erwarten: Während Sie diese Tricks einüben, werden Sie wahrscheinlich merken, wie hinderlich es ist, keine Hand frei zu haben, um Sichtzeichen zu geben. Blickkontakt ist ein machtvolles Kommunikations-mittel – machen Sie Gebrauch davon! Hunde, die gute Reifensprünge hin-kriegen, begreifen diese Variante innerhalb von ein paar Wochen.

1 Halten Sie den Reifen mit der rechten Hand gegen Ihren rechten Oberschenkel.

2 Machen Sie mit Ihrem linken Fuß einen Schritt. Locken Sie Ihren Hund mit Ihrer linken Hand durch den Reifen.

3 Halten Sie den nicht benutzten Reifen flach vor Ihren Körper.

Kehren Sie die Reifenposition um.

4 Die Reifen werden parallel zueinander, der nicht benutzte Reifen mittig vor Ihr Bein gehalten.

Reifensprung über meinen Rücken

Lernziel

Dieser Trick kombiniert einen Reifensprung mit einem Sprung Ihres Hundes über Ihren Rücken.

1 Verwenden Sie für diesen Trick einen großen Reifen, damit Ihr Hund ausreichend Platz hat, durchzukommen. Machen Sie ein paar Aufwärm-übungen mit **Reifensprüngen** (Seite 125).

Hörzeichen
Hopp

2 Knien Sie neben dem Reifen hin und umfassen mit dem dem Hund zugewandten Arm den unteren Teil des Reifens. Gehen Sie allmählich mit Kopf und Schultern durch den Reifen.

3 Knien Sie auf den Boden, Kopf nach unten, wobei der Reifen Ihren Bauch berührt und senkrecht nach oben zeigt. Drehen Sie Ihren Kopf, sodass Sie Ihren Hund immer noch sehen können.

4 Richten Sie sich allmählich auf, wobei ein Fuß auf dem Boden bleibt und Sie Ihre Hände, die den Reifen halten, auf Schulterbreite auseinander halten (so halten Sie den Reifen sicher fest). Halten Sie den Kopf nach unten und den Reifen senkrecht nach oben.

5 In der endgültigen Position stehen Sie mit gestreckten Beinen vornüber gebeugt und der Reifen zeigt nach oben. Hierzu halten Sie den Reifen parallel zum Boden um den Bauch. Stehen Sie breitbeinig da, um einen sicheren Stand zu haben. Nehmen Sie die Hände am Reifen weit auseinander und beugen sich vornüber, als ob Sie auf Ihre Schuhe sehen wollten.

Das können Sie erwarten: Bei diesem Trick sind Ihnen viele „Ooooohs" und „Aaaaahs" sicher! Wenn Sie mit einem kleinen Reifen arbeiten, tritt Ihr Hund unter Umständen auf Ihren Rücken.

Voraussetzungen

Reifensprung (Seite 125)
Spring über meinen Rücken (Seite 132)

Hilfe, es klappt nicht

Ich habe einen Schlag auf den Kopf bekommen!
Halten Sie Ihren Kopf unten. Drehen Sie Ihren Kopf zur Seite, wenn Sie mit Ihrem Hund Blickkontakt aufnehmen müssen.

Mein Hund kann nicht so hoch springen.
Führen Sie den Trick wie in Schritt vier beschrieben aus, während Sie auf einem Knie knien.

Mein Hund ist auf meinen Rücken gesprungen und oben geblieben!
Klasse Trick! Üben Sie dieses Verhalten, wenn Ihr Hund es von sich aus zeigt und machen Sie ein andermal weiter mit dem hier beschriebenen Sprung über den Rücken.

Tipp Ihr Hund soll Ihnen vertrauen – seien Sie ehrlich, fair und konsequent.

1 Lassen Sie Ihren Hund durch einen großen Reifen springen.

2 Umfassen Sie den Reifen mit dem Ihrem Hund zugewandten Arm.

3 Wenn der Reifen Ihren Bauch berührt, drehen Sie den Kopf, um Ihren Hund anzusehen.

4 Stellen Sie ein Bein rechtwinklig auf und halten Sie die Hände am Reifen weit auseinander.

5 Nehmen Sie die richtige Stellung ein: den Reifen gegen Ihren Bauch halten, Beine auseinander ...

Hände auseinander ...

und vorbeugen, bis der Reifen senkrecht nach oben weist.

Ungehorsamer Hund – Unter dem Reifen durch

Lernziel

Bei dieser Posse geben Sie Ihrem Hund nach einer eindrucksvollen Einleitung das Kommando, durch den Feuerreifen zu springen! Stattdessen kriecht er unter ihm durch.

1 Hängen Sie den Reifen höher, als Ihr Hund normalerweise springen würde. Er wird versuchen, durchzuspringen, aber stattdessen führen Sie ihn behutsam unten durch.

Hörzeichen
Durch den Reifen
Sichtzeichen

2 Ihr Hund steht auf einer Seite des Reifens, Sie auf der anderen. Heben Sie die Fußspitze an und zeigen ihm, wie Sie ein Leckerchen darunterlegen. Geben Sie ihm das Kommando **Platz** und dann unter den Reifen **kriechen** (Seite 144). Heben Sie Ihren Fuß an, sobald er näherkommt und lassen Sie ihn das Leckerchen nehmen. Sie müssen eventuell die Kommandos „Platz" und „Kriechen" auf seinem Weg zum Leckerchen wiederholen.

3 Üben Sie weiter, während Sie gleichzeitig den Reifen immer niedriger hängen und geben Sie das Hörzeichen.

4 Verwenden Sie bei Ihrer Vorstellung ein **Ziel**objekt (Seite 145), damit Ihr Hund an seine Ausgangsstelle zurückkehrt. Wiederholen Sie diesen Trick mehrmals, bevor Sie Ihrem Hund sagen, dass die niedliche französische Pudeldame gerade ins Publikum gekommen ist und signalisieren Sie ihm unauffällig, durch den Reifen zu springen. Was für ein Finale!

Das können Sie erwarten: Beim Vorführen dieses Tricks sind Ihre schauspielerischen Fähigkeiten gefragt. Während Ihr Publikum von Ihrer Effekthascherei abgelenkt ist, erkennt Ihr Hund an Ihrer angehobenen Fußspitze sein Stichwort und Ihr Hörzeichen „durch den Reifen", was, wie er weiß, „kriech unter dem Reifen durch" bedeutet.

Voraussetzungen

Kriechen (Seite 144)
Ein Ziel berühren (Seite 145)

Hilfe, es klappt nicht

Mein Hund springt durch den Reifen. Bevor Sie Ihr Kommando geben, lenken Sie die Aufmerksamkeit Ihres Hundes nach unten auf das Leckerchen unter Ihrem Schuh.

Aufbauübungen

Aufbauübungen Dieses Motiv können Sie mit dem Trick **Der dümmste Hund der Welt** (Seite 64) variieren.

„Mit diesem Trick könnten wir im Zirkus auftreten."

1 Locken Sie Ihren Hund, damit er unter dem Reifen durchläuft.

2 Zeigen Sie Ihrem Hund, wie Sie ein Leckerchen unter Ihren Fuß legen.

Lassen Sie ihn bis zum Leckerchen kriechen.

3 Hängen Sie den Reifen tiefer.

4 Lassen Sie Ihren Hund an seine Ausgangsstelle zurückkehren, indem Sie ein Zielobjekt verwenden.

Etwas Effekthascherei und Ihr Publikum lacht sich schief über Ihren ungehorsamen Hund!

Sprung durch einen rollenden Reifen

Lernziel

Dieser spektakuläre Trick ist auch ein gutes Training für Ihren Hund. Während Sie einen Reifen über das Gras rollen lassen, verfolgt Ihr Hund ihn und hechtet mittendurch!

1 Halten Sie einen großen Reifen vor sich und lassen Sie Ihren Hund einen **Reifensprung** machen (Seite 125).

2 Laufen Sie vorwärts und halten Sie den Reifen knapp über dem Boden vor sich und gewöhnen Sie Ihren Hund daran, durch einen sich bewegenden Gegenstand zu springen.

3 Während Sie vorwärts laufen, lassen Sie den Reifen ein kurzes Stück vor sich her rollen und rufen Sie in aufgeregtem Ton „Durch!" Ihr Hund rennt vielleicht zum Reifen und dann wieder zu Ihnen zurück, weil er nicht verstanden hat. Laufen Sie abwechselnd mit dem Reifen und lassen Sie ihn rollen. Dies ist der schwierigste Teil der Übung, also nicht den Elan verlieren!

4 Im nächsten Schritt sind Sie dran mit Training! Üben Sie, einen Reifen schnell und gerade zu werfen. Konzentrieren Sie sich darauf, ihn aus dem Handgelenk rollen zu lassen.

5 Sind Sie bereit für die große Nummer? Versuchen Sie es mit mehreren Reifen. Wenn Sie Rechtshänder sind, starten Sie mit Ihrem Hund auf der linken Seite und werfen Ihren ersten Reifen. Kurz bevor Ihr Hund hindurch hechtet, werfen Sie den nächsten Reifen im 90°-Winkel vom ersten. Dadurch wird Ihr Hund von der Seite auf den Reifen zulaufen, was für ihn einfacher ist. Werfen Sie weiterhin Reifen im Uhrzeigersinn, bis Ihr Hund einen vollen Kreis gelaufen ist! Die etwas andere Art, Reifen zu werfen!

Das können Sie erwarten: Hunde mit einem starken Beutetrieb lieben diesen Trick. Das Verfolgen der Reifen ist häufig Belohnung genug, sodass der Hund keine Leckerchen braucht, um Spaß an der Sache zu haben. Andere Hunde brauchen mehrere Wochen, bis sie durch ihren ersten Reifen laufen.

Voraussetzungen
Reifensprung (Seite 125)

Hilfe, es klappt nicht

Mein Hund wirft den Reifen um.
Ein senkrecht rollender Reifen schafft Abhilfe. Versuchen Sie es mit mehreren Reifen, wie in Schritt 5 beschrieben.

Mein Hund fürchtet sich.
Das Geheimnis bei diesem Trick liegt darin, seinen Beutetrieb zu wecken, sodass dieser seine Furcht überwiegt. Mit zunehmender Übung wird auch sein Beutetrieb zunehmen.

Aufbauübungen Verfehlt Ihr Hund den Reifen, bringen Sie ihm bei, **durch einen auf dem Boden liegenden Reifen zu gehen** (Seite 138).

Tipp Einen wassergefüllten Reifen können Sie entleeren und erhalten so einen leichten Reifen, der an der Naht schnell bricht, falls sich Ihr Hund in ihm verheddert.

„Ich mach' immer meine Augen zu, wenn ich durch den Reifen hechte."

1 Lassen Sie Ihren Hund vor Ihnen durch den Reifen springen.

2 Gewöhnen Sie Ihren Hund daran, durch einen sich bewegenden Reifen zu springen.

3 Rollen Sie den Reifen während des Laufens ein kurzes Stück.

4 Balancieren Sie den Reifen auf Ihrem Arm. Halten Sie ihn von unten fest.

Rollen Sie den Reifen auf Ihrem Arm herunter und weg von Ihrem Handgelenk.

5 Werfen Sie mehrere Reifen in einem Kreis im Uhrzeigersinn.

Durch einen am Boden liegenden Reifen gehen

Voraussetzungen
Reifensprung (Seite 125)

Hilfe, es klappt nicht
Meinem Hund rutscht der Reifen weg.
Beim Einüben des Tricks ist ein Gras-
boden am besten, da auf glattem
Untergrund der Reifen wegrutscht.

**Mein Hund bringt mir den Reifen
anstatt durchzugehen.**
Ihr Hund ist voller Eifer und verwirrt.
Bestätigen Sie das Herbringen nicht,
sondern motivieren Sie Ihren Hund
zum „Durchgehen".

Tipp Reifen gibt es in mehreren Größen.
Sie können sich auch aus einem Stück
Gartenschlauch und Verbindungsstücken
Ihren eigenen Reifen basteln.

„Manchmal ist der Reifen
zu klein – dann passe ich
nicht durch."

Lernziel
Ihr Hund manövriert sich durch einen am Boden liegenden Reifen. Hunde
können sehr erfinderisch sein – alle Methoden sind akzeptabel.

1 Wärmen Sie sich mit ein paar **Reifensprüngen**
(Seite 125) auf. Stellen Sie den Reifen auf den
Boden und neigen den oberen Rand in Richtung
Ihres Hundes, sodass er den Kopf senken muss,
um durchzugehen.

Hörzeichen
Geh durch

2 Als nächstes verbiegen oder verdrehen Sie den Reifen etwas, sodass er
nicht flach auf dem Boden liegt. Heben Sie ihn am oberen Rand an, damit
Ihr Hund einen vertrauten Einstieg erkennt und legen ihn dann wieder
zurück mit dem Kommando „Geh durch". Ihr Hund wird hoffentlich seine
Nase unter die Biegung stecken und sich unten durchschieben. Anfangs
belohnen Sie Ihren Hund vielleicht nur dafür, dass er seine Nase durch-
schiebt, bis er irgendwann ganz durch den Reifen durchgeht.

3 Mit der Zeit findet Ihr Hund heraus, wie er am besten durchgeht: den
oberen Rand anheben, den unteren Rand anheben oder sogar den oberen
Rand mit dem Maul anheben und untendurch ducken. Der Übergang zu
einem flachen Reifen sollte danach nicht zu schwierig sein.

Das können Sie erwarten: Diesen Trick kann man dem Hund einfach beibringen und es ist beeindruckend, ihm dabei zuzuschauen! Jeden Tag
etwas Übung und Ihr Hund hat innerhalb weniger Wochen den Dreh raus!

1 Machen Sie ein paar Aufwärmübungen mit niedrigen Reifensprüngen.

Stellen Sie den Reifen auf den Boden und neigen Sie ihn zu Ihrem Hund hin.

2 Verdrehen Sie den Reifen etwas und heben Sie ihn leicht an.

3 Hunde arbeiten unterschiedlich. Hier auf dem Bild hebt Chalcy den oberen Rand an,

bringt den Reifen in aufrechte Stellung,

duckt ihren Kopf …

und geht hindurch!

 mittel

Mit Papier bespannter Reifen

Voraussetzungen

Reifensprung (Seite 125)

Hilfe, es klappt nicht

Geht auch Zeitungspapier anstatt Seidenpapier?
Zeitungspapier ist weitaus dicker als Seidenpapier und Hunde sind damit noch unsicherer, hindurchzuspringen. Wenn Sie Zeitungspapier verwenden, schneiden Sie einen Schlitz in die Mitte, um Ihrem Hund einen Vorsprung zu verschaffen.

Wie befestige ich das Papier am Stickrahmen?
Nehmen Sie die zwei Ringe des Stickrings auseinander. Legen Sie das Papier **über** einen der Ringe und drücken Sie dann den anderen Ring darauf.

Tipp Das Ziel einer jeden Übungseinheit besteht darin, das Ergebnis vom letzten Mal ein kleines bisschen zu verbessern.

Lernziel
Bei diesem dramatisch anmutenden Trick kracht Ihr Hund durch einen mit Papier bespannten Reifen.

1 Ein in Stoffgeschäften erhältlicher Stickring von 61 cm Durchmesser kann schnell mit Papier bespannt werden. Üben Sie zuvor ein paar **Reifensprünge** (Seite 125) damit. Halten Sie den Stickring knapp über dem Boden, da er kleiner als ein normaler Reifen ist und es für den Hund dadurch schwieriger ist, durchzukommen.

Hörzeichen

Hopp oder Krachen

2 Befestigen Sie etwas Seidenpapier am oberen Rand des Stickrings und zerreißen das Papier etwas, sodass es nicht wie eine durchgehende Fläche aussieht. Bauen Sie Vertrauen auf bei Ihrem Hund, während er durch den Rahmen geht.

3 Befestigen Sie Seidenpapier auf dem ganzen Ring und reißen Sie ein großes Loch in die Mitte. Versuchen Sie, Ihren Hund mit einem Leckerchen durch das Loch zu locken. Unter Umständen ist es einfacher, ihn zum Durchgehen zu bewegen als zum Durchspringen. Loben Sie ihn überschwänglich, wenn er das Papier durchreißt. Lassen Sie ihn noch ein paar Mal durch den Ring springen, an dem Sie das zerrissene Papier hängen lassen.

4 Befestigen Sie eine neue Lage Seidenpapier auf dem Ring. Reißen Sie diesmal nur ein kleines Loch in das Papier. Später schneiden Sie dann nur noch einen Schlitz hinein.

5 Im Handumdrehen hat sich Ihr Hund daran gewöhnt, allein durch das Papier zu springen! Verwenden Sie zwei Lagen Papier nebeneinander, damit der Ring vollständig bedeckt ist und knüllen Sie die Ränder zusammen, damit er schön ordentlich aussieht.

Das können Sie erwarten: Dieser Trick eignet sich bestens als vertrauensbildende Maßnahme für Ihren Hund. Anfänglich sind die meisten Hunde unsicher, aber innerhalb von zwei Wochen krachen sie regelrecht durch das Papier wie ein Elefant im Porzellanladen!

„Jetzt darf ich endlich einmal etwas kaputt machen!"

1 Ein Stickring ist in einem Stoffgeschäft erhältlich.

2 Befestigen Sie Seidenpapier am oberen Rand und locken Sie Ihren Hund durch den Ring.

3 Bespannen Sie den Ring mit Seidenpapier, machen aber in der Mitte ein großes Loch ins Papier.

4 Arbeiten Sie mit einem kleineren Loch,

und dann nur noch mit einem Schlitz im Papier.

5 Verwenden Sie zwei Lagen Papier und knüllen die Ränder zusammen, damit es ordentlicher aussieht.

Kapitel 9

Hindernisparcours

Das Leben ist ein Hindernisparcours und je früher Ihr Hund lernt, die Hindernisse zu bewältigen, umso besser! Die in diesem Kapitel beschriebenen Hindernisse erfordern logisches Denken und sind oft körperlich und geistig sehr fordernd. Manche Hindernisse ängstigen Hund anfangs vielleicht, sodass sein Vertrauen in Sie der Schlüssel zum Erfolg wird. Bleiben Sie geduldig und freundlich, arbeiten Sie mit Ermutigung, aber ohne Druck.

Hunde neigen dazu, in Hindernisse wesentlich schwungvoller hineinzulaufen als Menschen. Machen Sie es sich zur obersten Pflicht, die Sicherheit Ihres Hundes zu gewährleisten. Gehen Sie regelmäßig zum Tierarzt und kontrollieren Sie immer wieder Pfoten, Ohren und Fell Ihres Vierbeiners. Prüfen Sie die Hindernisse auf Nägel, Splitter und Stellen, an denen sich Ihr Hund seine Pfoten einklemmen könnte.

Arbeiten Sie auf weichem Untergrund und achten Sie darauf, dass alle Hindernisse eine griffige Oberfläche haben. Beim Springen sollte Ihr Hund gerade und nicht verdreht sowie möglichst waagrecht landen. Erhöhen Sie den Schwierigkeitsgrad nur langsam, da ein Negativerlebnis Ihren Hund stark zurückwerfen könnte. Verbinden Sie mehrere Hindernisse zu einem regelrechten „Rennparcours"! Wärmen Sie Ihren Hund immer gut auf!

Tunnel

Lernziel

Ihr Hund läuft durch einen geraden oder gekrümmten Tunnel. Der Tunnel ist eines von mehreren Hindernissen im Agility-Sport.

1 Geben Sie Ihrem Hund Zeit, einen kurzen geraden Tunnel auf vertrautem Gelände zu erkunden. Platzieren Sie Ihren Hund am gegenüberliegenden Tunnelende und stellen

Hörzeichen
Tunnel

Sie durch den Tunnel Blickkontakt zu ihm her. Locken Sie ihn zu sich. Versucht er, um den Tunnel herumzugehen, lassen Sie einen Helfer den Hund halten und ihn in den Tunnel hineinführen. Belohnen Sie ihn mit einem Leckerchen am Tunnelausgang.

2 Sobald er sich an das Durchlaufen des Tunnels gewöhnt hat, stellen Sie sich mit ihm zusammen am Tunneleingang auf, geben ihm das Kommando „Tunnel" und führen ihn hinein. Ein fliegender Start ist dabei häufig hilfreich. Während er durch den Tunnel läuft, laufen Sie außen mit und ermutigen ihn, sodass er hören kann, wo Sie sind. Wenn er am anderen Ende des Tunnels auftaucht, laufen Sie ein kurzes Stück neben ihm her, um ein schnelles Herauskommen aus dem Tunnel zu fördern.

3 Machen Sie einen Knick in den Tunnel. Vielleicht versucht Ihr Hund, im Tunnel umzudrehen und wieder am Eingang herauszukommen. Behalten Sie ihn daher solange im Auge, bis Sie sicher sind, dass er durchläuft.

Das können Sie erwarten: Die meisten Hunde laufen gerne durch einen Tunnel und werden jede Gelegenheit dazu nutzen, sobald sie es einmal gewöhnt sind! Hunde mit großem Selbstvertrauen laufen unter Umständen gleich am ersten Tag durch den Tunnel, während es bei ängstlichen Hunden etwas länger dauert.

Hilfe, es klappt nicht

Kann ich Leckerchen in den Tunnel legen?
Da Ihr Hund den Tunnel schnell durchlaufen soll, können Leckerchen zu der schlechten Angewohnheit führen, mitten im Tunnel anzuhalten.

Mein Hund hat Angst, in den Tunnel hineinzugehen.
Ändern Sie Ihr Verhalten auf Grund der offensichtlichen Furcht Ihres Hundes nicht. Bleiben Sie sachlich und nüchtern und schicken Sie ihn durch. Höchstwahrscheinlich kommt er mit sehr viel mehr Selbstvertrauen wieder heraus!

Tipp Sie sind so groß! Begeben Sie sich auf Augenhöhe mit Ihrem Hund, um ihn einzustimmen.

1 Locken Sie Ihren Hund vom anderen Ende des Tunnels zu sich her.

2 Schicken Sie ihn vom Eingang durch den Tunnel.

3 Ein fliegender Start treibt Ihren Hund durch einen gekrümmten Tunnel.

Kriechen

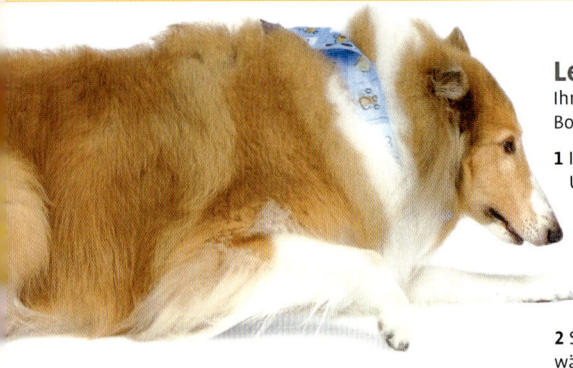

Lernziel

Ihr Hund kriecht vorwärts und rutscht dabei mit dem Bauch über den Boden.

1 Ihr Hund kriecht lieber auf einem angenehmen Untergrund wie auf Gras oder einem Teppich. Bringen Sie Ihren Hund mit dem Gesicht zu Ihnen gewandt ins **Platz** (Seite 16). Knien Sie hin und zeigen Ihrem Hund ein Leckerchen, das Sie in Ihrer Hand ungefähr 45 cm von ihm entfernt versteckt haben.

Hörzeichen
Kriechen
Sichtzeichen

2 Sagen Sie mit langgezogener Stimme „Kriechen", während Sie das Leckerchen langsam von ihm wegschieben. Er wird hoffentlich einen oder zwei Schritte mit seinen Vorderpfoten kriechen, um dem Leckerchen zu folgen. Lassen Sie ihn das Leckerchen bekommen, während er im Platz bleibt.

3 Kann Ihr Hund dem Leckerchen kriechend folgen, versuchen Sie, in kurzer Entfernung vor ihm zu stehen und ihm das Leckerchen unter Ihrem Fuß zu zeigen. Vielleicht müssen Sie abwechselnd „Kriechen" und „Platz" sagen, während er auf Ihre Füße zukriecht. Ihre angehobene Fußspitze wird später für Ihren Hund zum Sichtzeichen für Kriechen, und hält gleichzeitig seine Aufmerksamkeit am Boden.

Das können Sie erwarten: Viele Hund sind in der Lage, bereits in ihrer ersten Übungseinheit mit dem Kriechen anzufangen. Der Übergang zum Hör- und Sichtzeichen ohne Leckerchen dauert meist mehrere Wochen.

Voraussetzungen

Platz (Seite 16)

Hilfe, es klappt nicht

Mein Hund steht auf.
Sie ziehen das Leckerchen zu schnell von Ihrem Hund weg.

Mein Hund bewegt sich gar nicht.
Er weiß, dass er sich eigentlich nicht aus dem Platz fortbewegen darf. Lassen Sie ihn vielleicht nur mit Hilfe eines Leckerchens und ohne Kommando hinliegen. Dann locken Sie ihn enthusiastisch.

Mein Hund beginnt zu kriechen, während er Platz/Bleib machen soll.
Geben Sie ihm ein Abbruchsignal, das kann ein „Schade" oder ein „Falsch" sein.

Aufbauübung Hier können Sie prima die Übung Ungehorsamer Hund (Seite 134) anschließen.

1 Zeigen Sie Ihrem Hund, der im Platz ist, ein Leckerchen unter Ihrer Hand.

2 Schieben Sie das Leckerchen von ihm weg, während er vorwärts kriecht.

3 Legen Sie das Leckerchen unter Ihren Fuß, um seine Aufmerksamkeit am Boden zu halten.

Ein Ziel berühren

Lernziel

Ihr Hund berührt einen als **Ziel** gekennzeichneten Gegenstand. Diese nützliche Fähigkeit kommt im Tricktraining verschiedentlich zur Anwendung, ebenso im Hundesport wie bei der Filmarbeit.

1 Stellen Sie in einer reizarmen Umgebung ein **Ziel** in einer Entfernung von rund 1,8 bis 3 m auf. Das Ziel kann ein Verkehrsleitkegel, eine Saugglocke oder ein anderer eindeutiger Gegenstand sein, den Ihr Hund vorzugsweise nicht in sein Maul nehmen möchte. Zeigen Sie Ihrem Hund, wie Sie oder jemand anders ein Leckerchen auf das Ziel legt. Machen Sie dabei Ihren Hund auf sich aufmerksam, indem Sie „Keks" sagen oder irgendein anderes Wort, das er für Leckerchen kennt.

Hörzeichen
Ziel

2 Gehen Sie zu Ihrem Hund zurück und zeigen in die Richtung des Ziels, während Sie ihn mit dem Kommando „Ziel!" freigeben. Lassen Sie ihn zum Ziel rennen und das Leckerchen fressen.

3 Schicken Sie Ihren Hund nach ein paar erfolgreichen Wiederholungen zum Ziel, ohne dort ein Leckerchen aufzulegen. Sobald Ihr Hund das Ziel berührt, loben Sie ihn sofort und geben Sie ihm ein Leckerchen aus der Hand.

Das können Sie erwarten: Üben Sie den Trick zehn Mal täglich und Sie können innerhalb einer Woche Ihren Hund quer durch's Zimmer zu einem Ziel schicken!

1 Legen Sie ein Leckerchen auf das Ziel.

2 Geben Sie Ihren Hund frei, um das Leckerchen zu holen.

3 Schicken Sie Ihren Hund zum Ziel und belohnen Sie ihn, wenn er es berührt.

Hilfe, es klappt nicht

Soll mein Hund das Ziel mit der Nase oder der Pfote berühren?
Beim Einüben ist beides erlaubt. Wenn Sie mit zunehmend kleineren Gegenständen arbeiten, fällt es Ihrem Hund leichter, diese mit seiner Pfote zu berühren. Er wird von selbst auf diese Methode zurückgreifen.

Aufbauübungen Filmhunde wenden diese Technik an, um an einer Markierung anzuhalten. Verwenden Sie ein Blatt Papier für das Ziel. Verkleinern Sie das Papier allmählich, bis Sie nur noch einen Haftzettel brauchen.

Tipp Trainieren Sie Ihren Hund mit einem Doppelkommando. „Ziel-Sitz" bedeutet, zum Ziel zu gehen und dort abzusitzen.

„Ich unterrichte Hundetricks im Park. Dort zeige ich anderen Hunden, wie man was macht."

Drunter und Drüber

Lernziel
Sie können Ihren Hund anweisen, entweder **über** einen oder **unter** einem Gegenstand durch zu gehen.

1 Stellen Sie eine Hürde oder ein anderes Hindernis in Rückenhöhe Ihres Hundes auf. Da er bereits **Über eine Stange springen** (Seite 108) kennt und vermutet, dass er das ist, was Sie wollen, üben Sie diesen Trick am besten damit ein, dass Sie ihm das Kommando **Drunter** beibringen. Platzieren Sie Ihren Hund auf einer Seite der Stange und locken ihn untendurch, indem Sie das Leckerchen unten am Boden halten. Verwenden Sie häufig das Hörzeichen „Drunter!"

Hörzeichen

Drunter

Drüber

2 Beobachten Sie seine Körpersprache und verhindern Sie, dass er über die Stange springt, indem Sie diesen Weg mit Ihrer Hand versperren oder ihn am Halsband festhalten.

3 Legen Sie die Stange tiefer, damit Ihr Hund sich ducken oder kriechen muss, um untendurch zu kommen. Springt Ihr Hund über die Stange, führen Sie ihn an seine Ausgangsstelle zurück und achten besonders darauf, ihn um die Hürde herum zu führen, anstatt ihn ein zweites Mal über die Stange springen zu lassen.

4 Versuchen Sie es jetzt mit einem anderen Gegenstand, z. B. Ihrem ausgestreckten Bein.

5 Geben Sie abwechselnd die Kommandos „Drunter" und „Drüber", damit sich Ihr Hund den Unterschied zwischen beiden merkt.

Das können Sie erwarten: Dieser lustige Trick lässt Ihren Hund raten, während er auf Ihr Kommando wartet. In Ihrem Eifer hören die Hunde nicht immer richtig zu und es kann einen ganzen Monat dauern, bevor sie sich so konzentrieren können, den Trick immer richtig hinzubekommen.

Voraussetzungen
Über eine Stange springen (Seite 108)

Hilfe, es klappt nicht

Mein Hund nimmt an Agility-Wettbewerben teil. Soll ich ihm diesen Trick lieber nicht beibringen?
Hunde sind schlau und können Verhaltensweisen im Zusammenhang sehen. Als zusätzliche Vorsichtsmaßnahme könnten Sie ihm diesen Trick mit einem anderen Gegenstand als einer Hürde beibringen.

Mein Hund wirft die Stange ab, wenn er untendurch geht.
Manche Hunde zeigen mehr Geschick als andere. Bei schwereren Gegenständen wie Tischen und Stühlen sollte es jedoch gut klappen.

Aufbauübungen Zeit für einen Limbo-Wettbewerb! Sobald Ihr Hund das Drunter beherrscht, probieren Sie aus, wie weit nach unten Ihr Hund gehen kann!

Tipp Üben Sie in einer Übungseinheit das **Drunter** immer häufiger als das **Drüber**, da das Drunter keine Instinkthandlung ist.

1 Stellen Sie eine Hürde in Rückenhöhe Ihres Hundes auf und locken Sie ihn untendurch.

2 Hindern Sie ihn am Überspringen der Hürde.

3 Legen Sie die Stange tiefer.

4 Versuchen Sie es mit anderen Gegenständen wie Ihrem ausgestreckten Bein.

Wippe

Aufbauübungen Probieren Sie andere Agility-Hindernisse aus wie einen **Tunnel** (Seite 143) und **Slalom** (Seite 150).

Tipp Verwenden Sie einen Klecks Streichkäse oder Leberwurst als Leckerchen – das kullert nicht von der Wippe!

„Meine Ohren wippen auch auf und ab, wenn ich renne."

Lernziel

Die **Wippe** ist ein Hindernis im Agility-Hundesport, die ungleich gewichtet ist, sodass ein Ende zum Boden kippt. Ihr Hund läuft über das Brett und balanciert, während die Wippe in der Mitte kippt.

1 Legen Sie mehrere Leckerchen auf die Wippe, während Ihr Hund dabei zuschaut.

Hörzeichen
Wippe

2 Lassen Sie einen Helfer am hohen Ende der Wippe stehen, um plötzliche Bewegungen der Wippe zu verhindern. Halten Sie Ihren Hund mit den Fingern am flachen Halsband und lassen Sie ihn am unteren Ende auf die Wippe gehen und zum ersten Leckerchen laufen.

3 Während er immer weiter läuft, kommt er an einen Punkt, an dem sein Gewicht die Wippe kippen lässt. Dies ist eine gute Stelle für ein Leckerchen, da es ihn langsamer macht. Ihr Helfer sollte die Wippe langsam und gleichmäßig nach unten ablassen, wenn sie kippt. Geben Sie Ihrem Hund das Gefühl der Sicherheit, während Sie ihn, Kopf nach vorn, fest am Halsband halten. Sie möchten nicht, dass Ihr Hund vom Hindernis springt, also nehmen Sie ihn herunter, wenn er in Panik verfällt. Arbeiten Sie mit viel Lob und Ermutigung bei diesem neuen und instabilen Hindernis. Wenden Sie niemals Zwang an, da dies bereits vorhandene Ängste noch verstärkt.

4 Fasst Ihr Hund Zutrauen zur Wippe, sollte Ihr Helfer die Wippe frei bewegen lassen und sie nur, kurz bevor sie auf dem Boden aufkommt, auffangen, um einen lauten Knall zu vermeiden.

5 Lassen Sie Ihren Hund selbstständig über die Wippe gehen, während Sie neben ihm hergehen, ohne ihn zu berühren. Belohnen Sie ihn, wenn er ganz am Ende steht.

6 Im Agility-Hundesport und aus naheliegenden Sicherheitsgründen sollten Hunde nicht so schnell über die Wippe laufen, dass sie vom Ende der Wippe wegschnellen, bevor die Wippe auf dem Boden aufkommt. Gewöhnen Sie Ihren Hund daran, am Ende der Wippe anzuhalten, indem Sie das Kommando „Warten" oder **Ziel** berühren (Seite 145) geben.

Das können Sie erwarten: Die meisten Hunde sind beim ersten Mal auf der Wippe etwas ängstlich, aber mit viel Lob und Leckerchen überwinden sie ihre Furcht sehr schnell! Erzwingen Sie nichts – morgen ist auch noch ein Tag und vielleicht denkt Ihr Hund dann ganz anders über das Hindernis.

1 Legen Sie auf der Wippe Leckerchen aus.

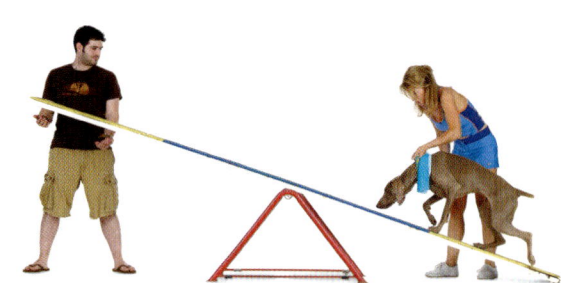

2 Führen Sie Ihren Hund am flachen Halsband zum ersten Leckerchen.

3 Passen Sie am Kipppunkt auf Ihren Hund und die Wippe auf.

4 Fangen Sie die Wippe auf, bevor sie nach unten knallt.

5 Laufen Sie neben Ihrem Hund her, während er allein auf der Wippe läuft. Geben Sie ihm ein Leckerchen, wenn er am Ende der Wippe steht.

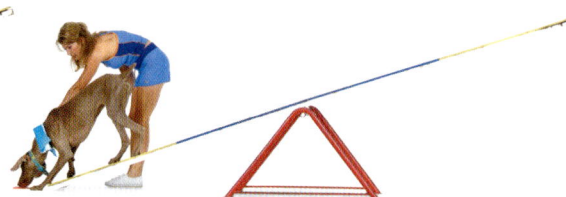

6 Gewöhnen Sie Ihren Hund daran, dass er am Ende der Wippe ein Ziel berührt.

Slalom

Hilfe, es klappt nicht

Mein Hund bricht seitlich aus.
Hunde, die ausbrechen, sind meist viel zu sehr in Eile. Belohnen Sie Ihren Hund nicht und fangen Sie nochmals am Beginn der Stangenreihe an. Für Ihren Hund ist es hilfreich, wenn Sie neben ihm herlaufen.

Mein Hund lässt die erste Stange aus.
Bleiben Sie immer hinter der Fläche der ersten Stange, wenn Ihr Hund einläuft, um ihn nicht abzulenken.

Mein Hund lässt die letzte Stange aus!
Das „Letzte-Stange-Syndrom" tritt auf, wenn Ihr Hund auf Ihre Körpersignale reagiert, die das Ende des Slaloms vorwegnehmen. Meistens ist das Signal ein etwas längerer Schritt oder eine Drehung des Kopfes, wenn Sie das nächste Hindernis anpeilen. Stellen Sie sich eine endlos lange Stangenreihe vor und konzentrieren Sie sich darauf, bis Ihr Hund durch alle Stangen gelaufen ist.

Aufbauübungen Steigern Sie den Schwierigkeitsgrad, indem Sie links von den Stangen laufen und Ihr Hund rechts von Ihnen.

Tipp Gehen Sie jede Übungseinheit zuversichtlich an. „Heute kriegen wir's hin!"

Lernziel

Beim Slalom, einem Hindernis im Agility-Hundesport, muss Ihr Hund zwischen Stangen durchlaufen. Der Hund muss mit der linken Schulter an der ersten Stange einlaufen, und mit der rechten an der zweiten Stange.

1 Beginnen Sie zunächst mit zwei Stangen (Kunststoffstangen mit einer Spitze unten ins Gras gesteckt werden). Geben Sie Ihrem Hund, der links von Ihnen ist, das Hörzeichen, führen ihn zwischen den beiden Stangen durch und belohnen ihn.

Hörzeichen
Slalom

2 Stehen Sie parallel zu den Stangen, Ihr Hund zu Ihrer Linken und die Stangen links vom Hund. Führen Sie Ihren Hund zu den beiden Stangen und lassen Sie ihn zwischen den ersten beiden Stangen durchlaufen. Gehen Sie einen Schritt nach vorne und belohnen Sie ihn nach der zweiten Stange.

3 Lassen Sie Ihren Hund durch mehrere Stangen Slalom laufen. Locken Sie ihn mit einem Leckerchen hindurch, führen Sie ihn am Halsband oder der Kurzleine oder aber mit Ihrer Hand durch die Stangen.

4 Starten Sie mit Ihrem Hund etwas hinter und links von der ersten Stange. Laufen Sie vorwärts und führen Sie ihn zwischen den Stangen hindurch, indem Sie ihn mit Ihrem Handzeichen von sich weg „drücken" und ihn zurück „ziehen".

Das können Sie erwarten: Hütehunde begreifen dieses Kunststück am schnellsten und können innerhalb von ein paar Monaten selbstständig Slalom laufen. Andere Rassen brauchen oft sechs bis zwölf Monate dazu.

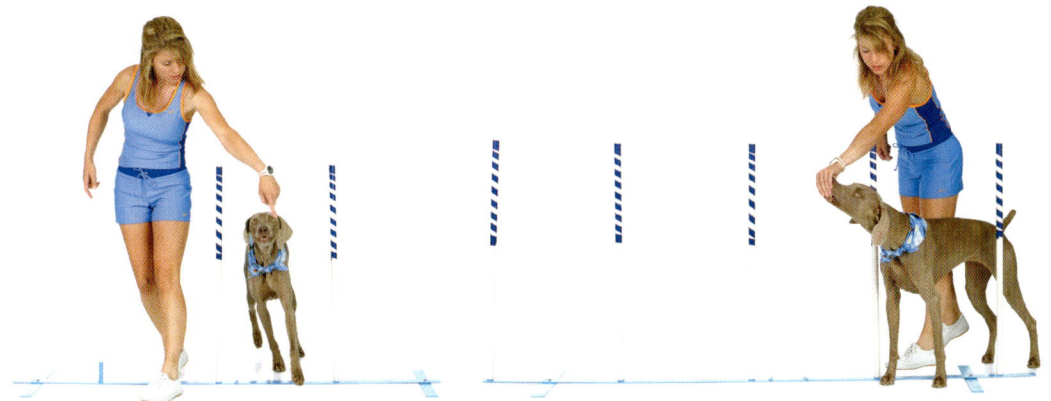

1 Führen Sie Ihren Hund so durch zwei Stangen, dass er an der ersten Stange mit der linken Schulter vorbeigeht.

2 Starten Sie mit Ihrem Hund links von den Stangen. Belohnen Sie ihn nach der zweiten Stange.

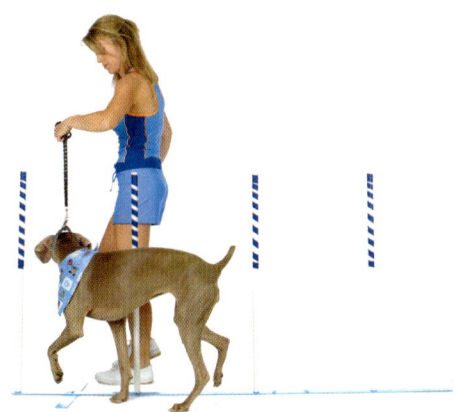

3 Führen Sie Ihren Hund mit einem Leckerchen, der Leine oder Ihrer Hand durch mehrere Stangen hindurch.

4 Laufen Sie neben Ihrem Hund her, während Ihre Handzeichen ihn durch die Stangen „drücken" und „ziehen".

Auf eine Leiter klettern

Hilfe, es klappt nicht

Wie kommt mein Hund wieder runter?
Ungeachtet der sportlichen Fähigkeiten
Ihres Hundes sollten Sie ihn auf den Boden
heben und nicht zu Boden springen lassen.
Die Gefahr einer Verletzung auf Grund
seiner Drehbewegung oder des Hängen-
bleibens an einer Stufe ist viel zu groß.

**Welche Art von Leiter sollte
ich verwenden?**
Eine 1,8 Meter hohe Standardleiter,
wie sie Maler benutzen, ist für die
meisten Hunde geeignet.

Aufbauübungen Bringen Sie Ihrem
Hund **Bring** bei (Seite 24), damit er einen
Gegenstand von der Leiter holt.

Tipp Lassen Sie Ihren Hund nicht aus
den Augen. Gehen Sie – im buchstäblichen
Sinne – Schritt für Schritt vor.

Lernziel
Ihr Hund manövriert seine Vorder- und Hinterpfoten auf den Stufen einer
Leiter hoch.

1 Decken Sie die Stufen einer stabilen Leiter
rutschsicher ab. Versuchen Sie mit einem
Leckerchen, dass Ihr Hund seine Vorderpfoten
auf eine der unteren Stufen stellt. Halten Sie das
Leckerchen höher, damit er seine Vorderpfoten höher aufstellt.

Hörzeichen
Klettern

2 Während Sie versuchen, dass Ihr Hund mit dem Kopf nach oben schaut,
bringen Sie ihn mit der anderen Hand dazu, seine Hinterpfote auf eine der
ersten Stufen zu stellen.

3 Ihr Hund befindet sich nun in einer unsicheren Position, also halten Sie
seinen Körper, um ihn zu stabilisieren. Halten Sie das Leckerchen immer
höher und lassen Sie ihn seine Vorderpfoten selbst aufstellen. Üben Sie
maximal 5 Minuten pro Übungseinheit und gönnen Sie Ihrem Hund eine
Pause zwischen den einzelnen Versuchen.

4 Hat sich Ihr Hund daran gewöhnt, die Stufen hinaufzuklettern, legen Sie
ein Leckerchen oben auf die Leiter, um einen raschen Aufstieg zu erreichen!

Das können Sie erwarten: Eine Leiter hinaufklettern erfordert nicht nur
Koordination und Kraft, sondern auch Selbstvertrauen. Gehen Sie langsam
vor, da ein Fehltritt oder ein beängstigendes Erlebnis Ihren Hund
zurückwirft.

1 Bringen Sie Ihren Hund dazu, dass er seine Vorderpfoten auf eine Stufe stellt.

2 Heben Sie seine Hinterhand an, während Sie ihn weiter nach oben locken.

3 Halten Sie seinen Körper, während Sie das Leckerchen höher halten.

4 Legen Sie das Leckerchen oben auf die Leiter als Belohnung.

Ein Fass rollen

Tipp Steigern Sie die Motivation Ihres Hundes, indem Sie Beschaffenheit, Menge und Art der Leckerchen abwechseln. Bieten Sie manchmal wenig an, manchmal gar nichts und manchmal gleich eine ganze Handvoll Leckerchen!

Lernziel

Es gibt mehrere Variationen von **Ein Fass rollen**, darunter auch die, bei der der Hund das Fass mit seinen Vorderpfoten, seinen Hinterpfoten oder allen Vieren rollt. Er kann es vorwärts oder rückwärts rollen.

Mit den Vorderpfoten rollen

Hörzeichen
Rollen

1 Halten Sie das Fass fest, während Ihr Hund neben Ihnen steht und locken Sie Ihren Hund mit einem Leckerchen nach oben. Belohnen Sie ihn, wenn er seine Vorderpfoten auf das Fass stellt.

2 Gehen Sie genauso vor, während Sie jedoch auf der anderen Seite vom Fass stehen.

3 Rollen Sie jetzt das Fass. Am besten ist hierzu ein Grasuntergrund geeignet, der keine schnellen Bewegungen erlaubt und eine weiche Landung garantiert. Stellen Sie Ihren Fuß bei ausgestrecktem Bein auf das Fass. Hat Ihr Hund seine Vorderpfoten auf das Fass gestellt, locken Sie ihn mit einem Leckerchen nach vorne. Rollen Sie das Fass zu sich hin, indem Sie es mit Ihrem Fuß heranziehen. Loben und belohnen Sie Ihren Hund, wenn er seine Pfoten nach hinten versetzt.

4 Mit zunehmendem Fortschritt Ihres Hundes rollen Sie das Fass ab und zu mit Ihrem Fuß. Rollen Sie es ein bisschen und locken Sie ihn nach vorne, bis er es selbst ein wenig rollt. Jetzt muss Ihr Hund eine schwierige Verknüpfung lernen – seine Vorderpfoten zurücksetzen, während er mit seinen Hinterpfoten vorwärts läuft!

5 Hört Ihr Hund auf, das Fass zu rollen, klopfen Sie sanft mit Ihrem Fuß auf seine Pfoten, damit er sie zurücknimmt. Loben und belohnen Sie Ihren Hund.

1 Locken Sie Ihren Hund mit den Vorderpfoten auf das Fass. **2** Gehen Sie jetzt auf die andere Seite des Fasses.

3 Rollen Sie das Fass in Ihre Richtung,   locken Ihren Hund nach vorne,

und belohnen ihn.   (Fortsetzung S. 156)

Tipp Diese Übung vermittelt eine bewusste
Körperwahrnehmung, etwas, was für jeden
Hund nützlich ist.

Oben auf dem Fass rollen

1 Während Ihr Hund Ihnen auf der anderen Seite des Fasses gegenübersteht, halten Sie das Fass fest und locken ihn mit den Vorderpfoten auf
das Fass. Seien Sie darauf vorbereitet, ihn zu halten, wenn er springt.
Lassen Sie ihn an einem Leckerchen in Ihrer Hand knabbern und halten
Sie stützend Ihre Hand hin, da er dagegen drückt, um sein Gleichgewicht
besser zu halten. Versuchen Sie, dass er möglichst lange oben auf dem
Fass bleibt.

2 Rollen Sie das Fass mit dem Fuß 15 cm weg von sich. Verhindern Sie
mit Ihrer Hand oder Ihrem Körper, dass Ihr Hund vom Fass springt. Macht
er einen Schritt nach vorne, loben und belohnen Sie ihn.

3 Rollen Sie das Fass ab und zu, bis Ihr Hund es von alleine macht!

Das können Sie erwarten: Dies ist kein Trick, den Ihr Hund mal eben so
am Wochenende lernen kann. Er braucht vielleicht zwanzig Übungsstunden,
bis er das Fass mit seinen Vorderpfoten rollen kann und vielleicht mehrere
Monate, bis er mit allen Vieren oben auf dem Fass sein Gleichgewicht
halten kann. Manche Rassen sind vom Körperbau her besser hierfür
geeignet als andere – langbeinige und kopflastige Hunde haben es am
schwersten.

1 Halten Sie das Fass mit Ihrem Fuß fest und locken Sie Ihren Hund mit den Vorderpfoten hinauf.

Lassen Sie ihn auf dem Fass an einem Leckerchen knabbern.

2 Rollen Sie das Fass weg von sich. Seien Sie darauf vorbereitet, Ihren Hund am Abspringen zu hindern.

3 Mit Übung rollt Ihr Hund das Fass von ganz alleine!

Kapitel 10

Dieser Hund kann tanzen!

Aktive

Menschen haben aktive Hunde. Wenn Sie feststellen, dass Ihr Vierbeiner einen Bauch ansetzt, könnte es Zeit für etwas Bewegung sein … und zwar für Sie beide!

Hundetanz (Dogdance) hat die in diesem Kapitel beschriebenen Tricks populär gemacht, indem sie zu Tanzsequenzen aneinandergereiht wurden. Sie und Ihr Hund führen passend zur Musik im Gleichschritt Drehungen, Beinarbeit und Tanzschritte vor. Eine wunderbare Art, mit Ihrem Hund im Team zu arbeiten und eine Beziehung zu entwickeln, die aus gegenseitigem Vertrauen entsteht.

Blickkontakt ist ein Schlüsselfaktor bei Synchronvorstellungen. Halten Sie kleine Käsestückchen im Mund und spucken Sie sie Ihrem Hund als Belohnung hin, um seine Aufmerksamkeit zu fördern.

Unterschätzen Sie nicht die Bedeutung Ihrer Vorstellung! Kleine Finessen verwandeln eine langweilige Verhaltensabfolge in eine flotte Show!

Fuß vorwärts und rückwärts

Lernziel

Ein Hund bei **Fuß** läuft zur Linken des Hundeführers. Im Gehorsamstraining sitzt der Hund automatisch ab, wenn der Hundeführer anhält. Beim Free-style (Hundetanz) ist das Fuß nicht so streng, sondern konzentriert sich mehr auf Blickkontakt und Gangart.

Fuß

1 Halten Sie Ihren Hund an lockerer Leine zu Ihrer Linken, sagen Sie „Fuß" und laufen Sie vorwärts, wobei Sie mit dem linken Fuß den ersten Schritt machen. Dieser Schritt wird später zum Signal für Ihren Hund, bei Fuß zu gehen. Geben Sie immer zuerst das Hörzeichen, bevor Sie sich in Bewegung setzen.

2 Belohnen Sie Ihren Hund regelmäßig für gute Arbeit, wobei Sie immer daran denken sollten, den Hund dann zu belohnen, wenn er sich in der korrekten Position befindet – mit seiner Schulter an Ihrem linken Bein.

3 Wenn Sie anhalten möchten, verlangsamen Sie Ihren Schritt, setzen den linken Fuß fest auf und ziehen den rechten Fuß auf gleiche Höhe nach. Signalisieren Sie mit der Leine das Stoppen und sagen Sie „**Sitz**" (Seite 15).

Hörzeichen
Fuß
Rückwärts
Sichtzeichen

Fuß rückwärts

1 Halten Sie Ihren Hund an lockerer Leine zu Ihrer Linken, tippen seine Brust leicht mit Ihrem rechten Fuß an, während Sie das Kommando „Rückwärts" geben. Belohnen Sie ihn, wenn er einen Schritt rückwärts macht. Während Sie ihn belohnen, lassen Sie ihn nicht nach vorne gehen, indem Sie das Leckerchen zu weit vor ihm anbieten. Üben Sie rückwärts Fuß laufen neben einer Wand, damit Ihr Hund gerade rückwärts läuft.

Das können Sie erwarten: Im Gehorsamstraining laufen die meisten Hunde nach acht Wochen sehr schön Fuß an der Leine. Fuß laufen ist jedoch eine Kunstform, die immer weiter perfektioniert werden kann!

Voraussetzungen
Sitz (Seite 15)

Hilfe, es klappt nicht

Mein Hund bleibt zurück.
Klopfen Sie gegen Ihr Bein und geraten Sie außer sich vor Begeisterung oder fangen an zu traben.

Mein Hund zieht nach vorne.
Locken Sie ihn mit einem Leckerchen zurück oder bleiben Sie stehen. Loben und belohnen Sie Ihren Hund nur dann, wenn er sich exakt an der richtigen Position befindet. Loben Sie ihn dann mit „schön Fuß". Damit sollte Ihr Hund bald die richtige Position einnehmen.

Aufbauübungen Üben Sie solange Fuß, bis Ihr Hund ohne Leine Fuß läuft!

Tipp Je mehr Ihr Hund weiß, desto leichter fällt ihm das Lernen.

Fuß

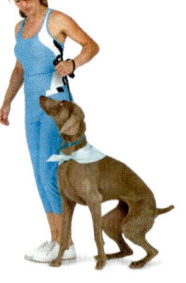

Fuß rückwärts

1 Geben Sie das Kommando „Fuß" und machen Sie mit Ihrem linken Fuß den ersten Schritt.

3 Geben Sie das Kommando „Sitz", wenn Sie anhalten.

1 Tippen Sie Ihren Hund mit dem rechten Fuß an, damit er rückwärts geht.

 leicht

Zurück

Lernziel
Ihr Hund geht in gerader Linie von Ihnen rückwärts.

1 Stellen Sie sich Ihrem Hund gegenüber im Flur auf, während Sie ihm in der geschlossenen Faust ein Leckerchen direkt vor die Nase halten. Drücken Sie sanft gegen seine Nase, während Sie einen Schritt auf ihn zugehen und ihm das Hörzeichen „Zurück" geben. Geht Ihr Hund ein bisschen rückwärts, loben Sie ihn und geben Sie ihm das Leckerchen. Windet er sich, benutzen Sie den wandseitigen Fuß zum Führen auf dieser Seite oder stellen Sie ein ausgedientes Gitter auf, um einen engen Durchgang zu schaffen.

Hörzeichen
Zurück
Sichtzeichen

2 Sobald Ihr Hund begriffen hat, wie es funktioniert, lassen Sie mit dem Druck gegen seine Nase nach. Gehen Sie stattdessen auf Ihren Hund zu und heben dabei leicht Ihr Knie an und berühren ihn damit an der Brust. Verwenden Sie das Sichtzeichen, damit er zurückgeht.

3 Machen Sie mit der Zeit immer kürzere Schritte nach vorne, während Sie weiterhin Ihr Knie anheben, um Ihren Hund rückwärts zu drängen. Gehen Sie zu ihm und belohnen ihn oder werfen Sie ihm eine Belohnung zu, anstatt ihn zu sich zu rufen.

Das können Sie erwarten: Innerhalb einer Woche könnte Ihr Hund zurückgehen, während er dem Leckerchen folgt. In noch ein paar Wochen stehen Sie einfach nur da, während er zurückgeht.

Hilfe, es klappt nicht
Mein Hund verbeugt sich.
Vielleicht halten Sie das Leckerchen zu tief. Halten Sie es mindestens auf Nasenhöhe.

Mein Hund sitzt ab.
Wenn Sie das Leckerchen zu hoch halten, geht auch die Nase Ihres Hundes nach oben und veranlasst ihn zum Absitzen. Halten Sie das Leckerchen tiefer.

Tipp Sichtzeichen sind wirkungsvoller als Worte. Machen Sie sich Ihre Körpersignale bewusst.

1 Drücken Sie ein Leckerchen gegen die Nase Ihres Hundes.

2 Heben Sie das Knie an, während Sie auf Ihren Hund zugehen.

3 Machen Sie kürzere Schritte nach vorne, während Sie weiterhin das Knie anheben.

Im Kreis drehen

Aufbauübungen Bringen Sie ihm eine
militärische Drehung bei – geben Sie das
Kommando „Kehrt", während Sie **Fuß** laufen
(Seite 160), und machen eine Kehrtwendung
um 180° nach links. Laufen Sie weiter Fuß in
die entgegengesetzte Richtung.

„Tanzen macht mir viel Spaß."

Lernziel

Ihr Hund **dreht** sich im Kreis, entweder links herum oder rechts herum.

Drehen

1 Beginnen Sie damit, dass Ihr Hund Ihnen
gegenübersteht und verstecken Sie ein Leckerchen in Ihrer rechten Hand. Beschreiben Sie mit
Ihrer Hand einen weiten Kreis nach rechts gegen
den Uhrzeigersinn und locken Sie Ihren Hund
langsam im Kreis, während Sie das Kommando
„Dreh' dich" geben. Geben Sie ihm das Leckerchen, wenn er den Kreis vollendet hat.

2 Mit zunehmenden Fortschritten bauen Sie Ihr
Sichtzeichen allmählich ab, bis es nur noch eine
schnelle Drehung des Handgelenks ist.

3 Sie arbeiten spiegelverkehrt: Während Ihr
Hund sich dreht, gehen Sie mit Ihrem rechten Fuß über Kreuz mit dem
linken und drehen sich auf den Zehenspitzen, bis Sie sich einmal
vollständig gedreht haben.

4 Drehen Sie sich auf die andere Seite, um mit Ihrer linken Hand einen
Kreis im Uhrzeigersinn zu beschreiben.

Das können Sie erwarten: Üben Sie zehn
Mal am Tag und Ihr Hund müsste
innerhalb einer Woche leicht Ihrer Hand
folgen. In einem Monat kann er sich
auf Kommando drehen!

Hörzeichen
Dreh' dich (gegen den Uhrzeigersinn), Anders-rum (im Uhrzeigersinn)

Hand Signal

Drehen

1 Verstecken Sie ein Leckerchen in Ihrer rechten Hand.

Bewegen Sie Ihre Hand direkt nach rechts und beschreiben Sie einen weiten Kreis.

Geben Sie Ihrem Hund das Leckerchen, wenn er sich einmal ganz im Kreis gedreht hat.

3 Drehen Sie sich zusammen mit Ihrem Hund im Kreis – das hat noch mehr Pfiff!

Verbeugen

Aufbauübungen Sobald Sie **Verbeugen** beherrschen, können Sie auf ähnliche Art und Weise **Beten** (Seite 42) lernen!

Tipp Geben Sie Ihrem Hund eine Ohrmassage – innen und außen.

Lernziel

Ihr Hund **verbeugt** sich, indem er mit dem Vorderkörper nach unten geht, bis seine Ellbogen den Boden berühren, während sein Hinterteil in die Luft ragt.

1 Ihr Hund steht Ihnen gegenüber. Halten Sie ihm die Faust mit einem Leckerchen auf Nasenhöhe hin.

2 Drücken Sie Ihre Hand sanft gegen die Nase Ihres Hundes und gleichzeitig nach unten, während Sie ihm das Hörzeichen geben.

3 Sobald die Ellbogen Ihres Hundes den Boden berühren, geben Sie ihm das Leckerchen und nehmen Ihre Hand weg.

Hörzeichen
Verbeugen oder Knicks
Sichtzeichen

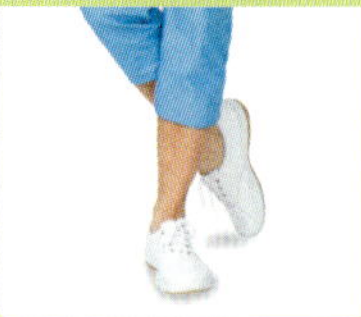

Das können Sie erwarten: Üben Sie diesen Trick sechs bis acht Mal pro Tag. Denken Sie daran, immer dann aufzuhören, wenn es am schönsten ist. Nach ein oder zwei Wochen dürfte sich Ihr Hund schon verbeugen, wenn Sie ihm ein Leckerchen gegen die Nase drücken. Verringern Sie den Druck gegen seine Nase und bald verbeugt sich Ihr Hund von ganz alleine. Danke! Vielen Dank!

„Ich mache einen Knicks, weil ich ein Hundemädchen bin."

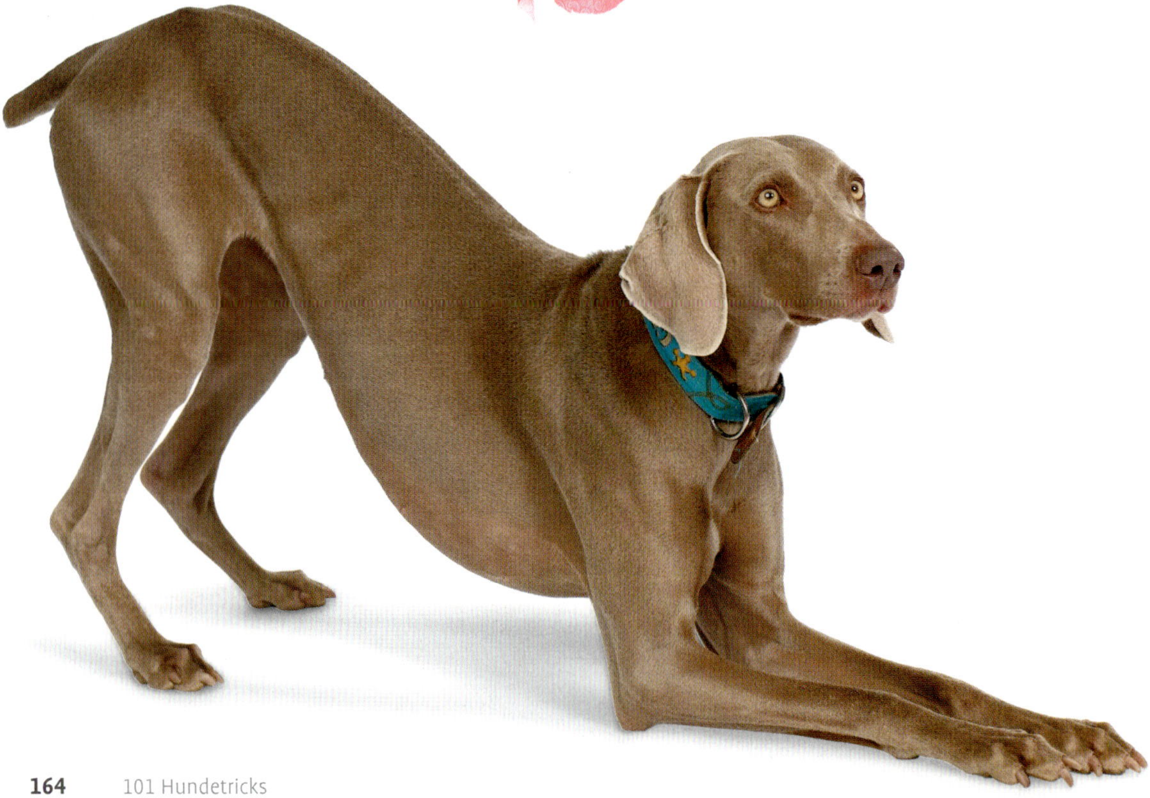

1 Halten Sie Ihrem Hund ein Leckerchen auf Nasenhöhe hin.

2 Üben Sie sanften Druck gegen seine Nase und nach unten aus.

3 Geben Sie ihm das Leckerchen, sobald Ihr Hund mit den Ellbogen den Boden berührt.

Grundstellung (Sitz bei Fuß)

Lernziel

Ihr Hund läuft hinter Ihnen herum und sitzt zu Ihrer Linken ab. Dieser Trick kann entweder die Einleitung einer Fußübung sein oder das Ende einer Gehorsamsprüfung.

1 Sie stehen Ihrem Hund gegenüber und halten die Leine in der rechten Hand.

2 Geben Sie das Kommando „Fuß" und gehen Sie mit Ihrem rechten Fuß einen Schritt zurück, führen Ihren Hund auf die rechte Seite und hinter sich. Ihr linker Fuß bleibt während dieses Ablaufs stehen.

3 Nehmen Sie die Leine in Ihre linke Hand, während Sie den rechten Fuß wieder neben den linken Fuß stellen und Ihren Hund links neben sich in die Grundstellung bringen.

4 Spannen Sie die Leine und geben Ihrem Hund das Kommando **Sitz** (Seite 15). Loben und belohnen Sie Ihren Hund in dieser Position.

Das können Sie erwarten: Dieser Trick ist beeindruckend, denn Ihr Hund kann mit seinem Gehorsamstraining angeben. In seiner endgültigen Form stehen Sie unbeweglich da, während Ihr nicht angeleinter Hund auf Ihr Kommando hin hinter Ihnen herumläuft und sich links neben Sie setzt.

Hörzeichen
Fuß
Sichtzeichen

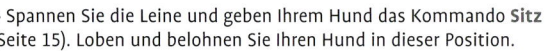

Voraussetzungen
Sitz (Seite 15)

Hilfe, es klappt nicht

Mein Hund ist so langsam!
Während Ihr Hund hinter Ihnen herumläuft, gehen Sie einen oder zwei Schritte vorwärts und geben ihm das Kommando „Beeil' dich!"

Es fühlt sich an, als ob ich meinen Hund einfach nur um mich herumziehe.
Sie konditionieren Ihren Hund auf die Bewegung. Zunächst führen Sie ihn tatsächlich herum, aber mit der Zeit übernimmt sein Gedächtnis.

Tipp Ein Hund muss einen neuen Trick ungefähr 100 Mal wiederholen, bevor er sitzt. Also haben Sie Geduld!

2 Gehen Sie mit Ihrem rechten Fuß einen Schritt zurück, während Sie die Leine in der rechten Hand halten.

3 Nehmen Sie die Leine in Ihre linke Hand.

Stellen Sie den rechten Fuß wieder neben den linken Fuß, während Sie Ihren Hund in die richtige Grundstellung bringen.

4 Geben Sie Ihrem Hund das Kommando Sitz.

Einparken

Voraussetzungen

Sitz (Seite 15)

Hilfe, es klappt nicht

Mein Hund sitzt zu weit vor oder hinter mir.
Sie werden überrascht sein, wie sehr Ihre Körperhaltung das Sitz Ihres Hundes beeinflusst. Geringfügige Änderungen Ihrer linken Schulterhaltung bringen Ihren Hund nach vorne oder nach hinten.

Mein Hund sitzt krumm und schief.
Tippen Sie auf seine linke Hüfte, während er sitzt, damit er näher an Sie heranrückt.

Tipp Konsequenz führt zum Erfolg. Üben Sie Bewegungsabläufe erst für sich allein, bevor Sie Ihren Hund hinzunehmen.

Lernziel

Der Hund steht Ihnen gegenüber und beschreibt einen engen Kreis, wobei er sich beinahe nur auf seinen Vorderpfoten dreht, um dann links von Ihnen abzusitzen.

1 Sie stehen Ihrem Hund gegenüber und halten seine Leine in der linken Hand.

2 Geben Sie ihm das Kommando „Einparken", treten Sie mit Ihrem linken Fuß einen Schritt zurück und führen Ihren Hund nach links und etwas von Ihrem Körper weg. Ihr rechter Fuß bleibt während des ganzen Ablaufs unverändert stehen.

3 Drehen Sie Ihren Hund im Uhrzeigersinn und bringen seinen Kopf an die Stelle, wo vorher Ihr linker Fuß war.

4 Stellen Sie Ihr linkes Bein wieder neben das rechte und lassen Sie Ihren Hund neben sich ins Sitz gehen (Seite 15). Belohnen Sie Ihren Hund, während er im Sitz ist.

Das können Sie erwarten: Mit etwas Übung springt Ihr unangeleinter Hund in die Grundstellung, während Sie stehenbleiben. Temperamentvolle Hunde lernen oft von alleine, in die Grundstellung zu springen anstatt sich zu drehen.

Hörzeichen
Einparken
Sichtzeichen

2 Treten Sie mit Ihrem linken Fuß einen Schritt zurück, während Sie Ihren Hund nach hinten und weg von Ihrem Körper führen.

3 Drehen Sie Ihren Hund im Uhrzeigersinn.

4 Stellen Sie Ihren linken Fuß wieder neben den rechten.

Lassen Sie Ihren Hund absitzen.

Beinslalom

Aufbauübungen Sobald Sie **Beinslalom** beherrschen, können Sie auf ähnliche Art und Weise **Achter laufen** (Seite 172) einüben!

Tipp Beginnen Sie beim Beinslalom immer mit dem rechten Fuß. Wenn Sie mit dem linken Fuß beginnen, ist das für Ihren Hund das Signal zum Fußlaufen.

„An Wochenenden darf ich immer neue Tricks lernen!"

Lernziel

Ihr Hund geht, während Sie laufen, zwischen Ihren Beinen hindurch. Dieser Trick ist nichts für unkoordinierte Herrschaften!

1 Beginnen Sie damit, dass Ihr Hund links von Ihnen steht oder sitzt. Halten Sie in jeder Hand ein paar kleine Leckerchen parat.

2 Machen Sie mit Ihrem rechten Fuß einen großen Schritt nach vorne und halten Sie die rechte Hand gerade nach unten, während Sie das Hörzeichen geben. Während Ihr Hund zwischen Ihren Beinen durchgeht, belohnen Sie ihn mit einem Leckerchen aus Ihrer rechten Hand.

Hörzeichen
Slalom
Sichtzeichen

3 Machen Sie einen Schritt mit Ihrem linken Fuß und halten Sie die linke Hand gerade nach unten, während Sie das Hörzeichen geben. Belohnen Sie Ihren Hund wieder, wenn er Ihre linke Hand mit der Nase berührt.

4 Wiederholen Sie abwechselnd die beiden vorhergehenden Schritte.

Das können Sie erwarten: Üben Sie diesen Trick in Übungseinheiten zu je 5 Minuten, jeweils ein oder zwei Mal pro Tag. Nach zwei Wochen dürfte Ihr Hund problemlos Ihrer Hand folgen und Sie können mehrere erfolgreiche Slalomschritte von Ihrem Hund fordern, bevor Sie ihn belohnen. Üben Sie solange, bis Ihr Hund ohne Handführung zwischen Ihren Beinen hindurchflitzt!

1 Beginnen Sie mit Ihrem Hund zu Ihrer Linken.

2 Machen Sie einen Schritt mit Ihrem rechten Fuß und halten Sie den rechten Arm nach unten.

Locken Sie Ihren Hund durch Ihre Beine hindurch.

3 Machen Sie einen Schritt mit Ihrem linken Fuß und nehmen Sie den linken Arm nach unten.

Locken Sie Ihren Hund durch Ihre Beine hindurch.

Bringen Sie seinen Kopf nach vorne.

4 Das Ganze wiederholen.

Achter laufen

Voraussetzungen
Beinslalom (Seite 170)

Hilfe, es klappt nicht

In welche Richtung geht mein Hund durch meine Beine?
Da dieser Trick vom **Beinslalom** abgewandelt wurde, beginnt Ihr Hund immer auf Ihrer linken Seite und läuft durch Ihre Beine durch, von vorne nach hinten, und umkreist dann zuerst Ihr rechtes Bein. Ihr Hund läuft immer von vorne nach hinten durch Ihre Beine.

Aufbauübungen Ihr Hund gibt eine beeindruckende Tanzvorführung, wenn er erst mehrere Achter läuft und wenn Sie, nachdem er durch Ihre Beine läuft, um Ihr rechtes Bein zu umkreisen, Ihre Beine zusammenstellen und ihm mit der rechten Hand das Signal geben zum **Drehen** (Seite 162).

Tipp Achterfiguren sind gut geeignet zum Dehnen und Aufwärmen, um Verletzungen vor den Übungen zu vermeiden.

„Zum Glück hat mein Frauchen lange Beine und ich muss mich nicht bücken beim Achterlaufen."

Lernziel

Während Sie breitbeinig dastehen, läuft Ihr Hund Achter um Ihre Beine.

1 Wärmen Sie sich auf mit **Beinslalom** (Seite 170).

2 Als nächstes versuchen Sie es mit **Beinslalom**, wobei Sie breitere, aber nach vorne hin kürzere Schritte machen. Verwenden Sie weiterhin das Kommando „Slalom".

Hörzeichen
Achter

Sichtzeichen

3 Gehen Sie dazu über, Schritte an Ort und Stelle zu machen, während Sie breitbeinig dastehen, ohne nach vorne zu gehen. Heben Sie nach wie vor jeweils ein Bein als Signal für Ihren Hund an und geben das Kommando „Slalom". Verwenden Sie eine imaginäre Leine, um Ihren Hund von vorne nach hinten durch Ihre Beine zu „ziehen" oder zu führen.

4 Bleiben Sie einfach stehen, neigen sich aber immer zur Seite, während Ihr Hund zwischen Ihren Beinen hindurchläuft. Wenn er vorhat, um Ihr rechtes Bein zu laufen, sollte Ihr rechtes Bein gebeugt sein und er sollte Ihre rechte Hand sehen, die ihn durch Ihre Beine und auf Ihr rechtes Bein zuführt. Jetzt ist der Zeitpunkt gekommen, Ihr Hörzeichen auf „Achter" zu ändern. Lassen Sie ihn mehrere Achterfiguren hintereinander laufen, bevor Sie ihn belohnen. Geben Sie ihm seine Belohnung, während er Slalom läuft und nicht hinterher, wenn er damit fertig ist.

Das können Sie erwarten: Beherrscht Ihr Hund das Beinslalom, dann begreift er die Achterfiguren in wenigen Tagen. Mit zunehmendem Fortschritt können Sie den Trick bald ohne sich zur Seite zu neigen und stattdessen mit in die Hüften gestemmten Händen ausführen.

1 Üben Sie Beinslalom

2 Machen Sie Ihre Schritte kürzer, aber dafür breiter.

3 Stellen Sie sich breitbeinig hin und heben abwechselnd Ihre Beine an.

4 Führen Sie Ihren Hund von vorne nach hinten durch Ihre Beine hindurch.

5 Bleiben Sie stehen und stemmen Sie die Hände in die Hüften, während Ihr Hund Achter durch Ihre Beine läuft!

Moonwalk

Lernziel

Beim **Moonwalk** robbt Ihr Hund rückwärts, während er in einer Verbeugungshaltung ist.

1 Ihr Hund befindet sich Ihnen gegenüber im **Platz** (Seite 16). Ähnlich, wie Sie ihm das **Zurück** (Seite 161) beigebracht haben, drücken Sie Ihr Knie in seine Richtung, während Sie das Kommando „Robben" geben. Wahrscheinlich wird er aufstehen wollen, daher legen Sie eine Hand leicht von oben auf seine Schulterblätter, damit er im Platz bleibt. Belohnen Sie auch das kleinste bisschen Robben nach hinten.

Hörzeichen
Platz, Robben
Sichtzeichen

2 Richten Sie sich etwas höher auf und gebrauchen Sie Ihr Knie nur wenig. Lassen Sie Ihre Hand leicht auf seinen Schulterblättern, um zu verhindern, dass er aufspringt.

3 Richten Sie sich ganz auf, während Sie ihm das Sicht- und Hörzeichen geben. Steht Ihr Hund auf, sagen Sie „Platz" und dann „Robben". Unter Umständen müssen Sie diese Kommandos abwechselnd wiederholen.

Das können Sie erwarten: Diesen hinreißenden Tanzschritt kann ein Hund, der das **Zurück** gut beherrscht, in wenigen Wochen lernen. Häufig versuchen die Hunde, zu mogeln, indem sie aufstehen – also heißt es aufpassen!

Voraussetzungen

Platz (Seite 16)
Zurück (Seite 161)

Hilfe, es klappt nicht

Mein Hund bewegt sich nicht nach hinten.
Wenn Sie mit dem Üben von Moonwalk anfangen, verwenden Sie nicht das Wort „Platz". Dass Ihr Hund aufsteht, verhindern Sie, indem Sie ihn an den Schultern etwas festhalten. Wenn Sie ihm das Kommando „Platz" geben, verwirrt ihn das, weil er denkt, er soll sich nicht bewegen.

Tipp Mit einem Clicker können Sie die Übung auch frei formen.

1 Legen Sie eine Hand auf seine Schulterblätter, während Sie Ihr Knie gegen ihn drücken.

2 Gebrauchen Sie Ihr Knie nur wenig, während weiterhin eine Hand auf seinen Schulterblättern liegt.

3 Geben Sie im Stehen das Sicht- und Hörzeichen.

Freudensprung

Lernziel

Beim Freudensprung springt Ihr Hund gerade nach oben und landet wieder auf derselben Stelle. Für diesen Trick braucht es all Ihre Begeisterung, denn niemand macht allein einen Freudensprung!

1 Wenn Ihr Hund in Spielstimmung ist, halten Sie ein Spielzeug oder etwas Futter hoch in die Luft und necken ihn damit. Ermutigen Sie ihn zum Springen, indem Sie mit ihm zusammen- springen! Belohnen Sie anfangs auch ganz kleine Sprünge.

2 Sobald Ihr Hund begriffen hat, dass er mit Ihnen zusammen springen soll, schränken Sie Ihre Sprungbewegungen etwas ein, indem Sie lediglich in die Hocke gehen und wieder aufstehen und dabei Ihrem Hund das Hör- und Sichtzeichen geben.

Hörzeichen
Spring
Sichtzeichen

3 Schließlich wird Ihr Hund auf Kommando einen Freudensprung machen, aber Ihre Begeisterung gibt den Ausschlag für den Erfolg.

Das können Sie erwarten: Manche Hunde sind von Natur aus sprung- freudiger als andere – Terrier, Australian Shepherds und Whippets, um nur einige zu nennen. Andere Hunde brauchen vielleicht etwas mehr Ermutigung, bis es klappt.

1 Fordern Sie Ihren Hund auf, nach einem Spielzeug zu springen.

2 Schränken Sie Ihre Sprungbewegungen ein.

3 Ihr Hund springt auf Kommando.

Hilfe, es klappt nicht

Mein Hund ist faul und springt nicht. Ihre Aufgabe als Trainer ist es, anzuleiten und zu **motivieren**! Springen Sie gemein- sam mit Ihrem Freund. Bringen Sie all Ihre Begeisterung und Freude zum Einsatz, um ihn aufzudrehen. Vergewissern Sie sich aber auch, dass Ihr Hund den Sprung nicht wegen Schmerzen verweigert.

Aufbauübungen Dieses Kunststück ist der erste Schritt zum Einüben von **Seilhüpfen** (Seite 118)!

Tipp Üben Sie auf Grasboden oder einem anderen griffigen Untergrund. Idealerweise sollte der Sprung gerade und geschmeidig ausfallen.

fortgeschritten

Paradeschritt

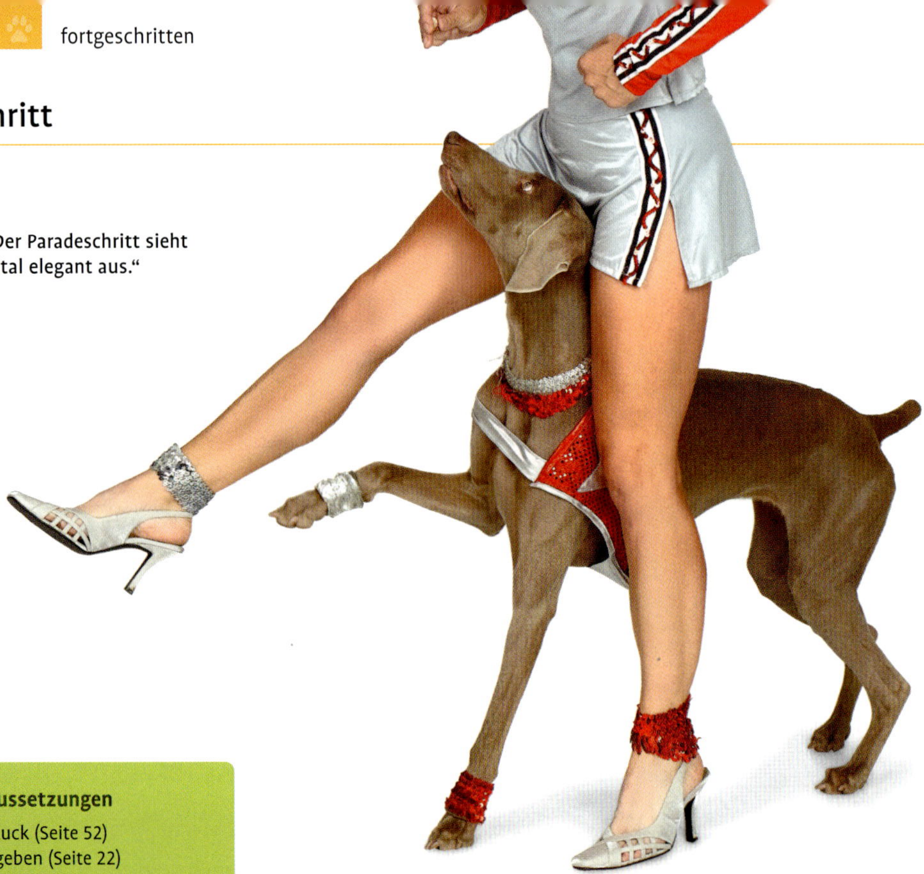

„Der Paradeschritt sieht total elegant aus.“

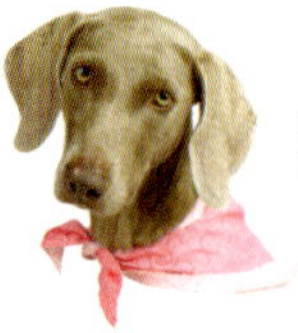

Voraussetzungen

Kuckuck (Seite 52)
Pfote geben (Seite 22)

Hilfe, es klappt nicht

Mein Hund läuft nach vorne aus seiner Kuckuck-Stellung heraus. Ihr Hund möchte Ihr Gesicht sehen. Bücken Sie sich, damit er Sie sehen kann. Bremsen Sie ihn mit Ihrer Hand an seiner Brust ab, wenn er vorwärts läuft und erinnern ihn daran, „Kuckuck“ zu machen.

Mein Hund steht einfach nur da und bewegt seine Pfoten nicht. Manchmal braucht es ein paar Wiederholungen, bis Ihr Hund in die Gänge kommt. Versuchen Sie es einige Male mit „Pfote, Andere, Pfote, Andere“, während Sie sich jedes Mal etwas auf die Seite neigen und dabei das Gewicht des Hundes leicht auf eine Seite schieben und ihn so ermuntern, die andere Pfote hochzuheben.

Tipp Spielen Sie Ihr Lieblingslied auf der Stereoanlage und tanzen Sie mit Ihrem Hund!

Lernziel

Beim **Paradeschritt** steht Ihr Hund zwischen Ihren Beinen und hebt seine Vorderpfoten im Gleichschritt mit Ihrem Bein hoch.

1 Beginnen Sie in der **Kuckuck**-Stellung (Seite 52), halten Sie die linke Hand nach unten und etwas nach vorne und geben Ihrem Hund das Kommando **„Pfote“** (Seite 22). Halten Sie dabei kein Leckerchen in der Hand, da dies eher seine Nase als seine Pfote führen wird. Belohnen Sie ihn stattdessen mit einem Leckerchen aus Ihrer Gürteltasche. Wiederholen Sie das Ganze mit dem Kommando „Andere“, während Sie Ihrem Hund mit der rechten Hand das Zeichen geben.

Hörzeichen

Pfote, Andere

Sichtzeichen

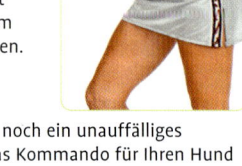

2 Nehmen Sie jetzt die entsprechenden Paradeschritte hinzu, um die Wirkung zu erhöhen. Ihr Sichtzeichen ist schließlich nur noch ein unauffälliges Schnipsen zweier Finger an der Hüfte und das Kommando für Ihren Hund (nicht Ihr Paradeschritt).

3 Variieren Sie diesen Trick, indem Ihr Hund Ihnen gegenüber oder neben Ihnen steht.

Das können Sie erwarten: Diesen Aufsehen erregenden Trick kann jeder Hund lernen und er ist jedes Mal ein Publikumsrenner! Hunde können Ihre Pfoten innerhalb von wenigen Wochen auf Kommando anheben, die Koordination des Gesamtablaufs kann jedoch etwas länger dauern. Ihre auffälligen Paradeschritte werden das Publikum von Ihren unauffälligen Sichtzeichen ablenken.

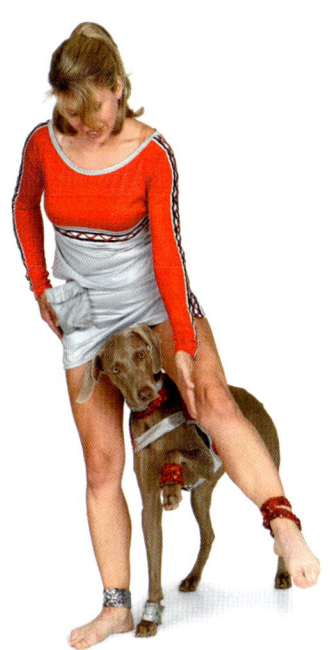

1 Beginnen Sie in der Kuckuck-Stellung.

Halten Sie die linke Hand nach unten und nach vorne, während Sie das Kommando „Pfote" geben.

Setzen Sie Ihre rechte Hand für „Andere" ein.

3 Variieren Sie den Trick, indem Ihr Hund vor Ihnen …

oder neben Ihnen sitzt.

Kapitel 11

Des Denkers Hund

Intelligenz

Intelligenz bei Tieren war schon immer ein Diskussionsthema, aber jeder Hundehalter kann berichten, wie ihn die Klugheit seines Hundes immer wieder in Erstaunen versetzt. Genau wie beim Menschen nimmt die Intelligenz eines Hundes durch Training zu. Je mehr Ihr Hund seinen Verstand einsetzen muss, umso schneller wird er Neues begreifen.

Die in diesem Kapitel beschriebenen Tricks haben zwei Dinge gemeinsam: sie erfordern ein hohes Maß an Denken von Ihrem Hund und sie sind abhängig von einer funktionierenden Kommunikation zwischen Ihnen und Ihrem Hund. Ihr Hund soll nicht nur ein x-beliebiges Verhalten zeigen, sondern er soll nach bestimmten Vorgaben Ihrerseits agieren. Er soll nicht nur einen x-beliebigen Gegenstand heranbringen, sondern einen ganz bestimmten, den er entweder nach Geruch, Sicht- oder Hörzeichen aussuchen soll.

Diese schwierigen gedanklichen Verknüpfungen herzustellen kann Ihren Hund geistig ermüden. Loben Sie ihn zehn Mal so viel wie Sie ihn korrigieren, denn Ihr Hund wird leicht frustriert und entmutigt. Selbst nachdem er eine Verknüpfung gelernt hat, macht er noch gelegentlich Fehler. Entscheiden Sie im Zweifelsfall zu seinen Gunsten, da er sehr wahrscheinlich nicht absichtlich den falschen Gegenstand aussucht oder das falsche Dummy apportiert. Man lernt ein Leben lang und diese Übungen halten Ihren Hund sein Leben lang geistig fit!

Mein Hund kann zählen

Hilfe, es klappt nicht

Zählen auch halbe Belllaute?
Die Belllaute Ihres Hundes müssen klar und zählbar sein. Sprechen Sie in knappem Ton mit Ihrem Hund, wenn Sie ihn zu „Gib Laut" auffordern und belohnen Sie nur ein gutes Ergebnis.

Ich bekomme einen Belllaut zu viel.
Bei lautfreudigen Kandidaten müssen Sie Ihren Blick eine Sekunde vor dem letzten Belllaut abwenden, damit Ihr Hund rechtzeitig zu bellen aufhört.

Aufbauübungen Diesen Trick können Sie variieren, indem Sie Ihren Hund auffordern, zu zählen, indem er mit seiner Pfote anzeigt anstatt zu bellen.

Tipp Kommunikation ist keine Einbahnstraße. Bemühen Sie sich aufrichtig, die Körpersprache Ihres Hundes zu verstehen.

Lernziel

Bei dieser klassischen Varieténummer bellt Ihr Hund so viele Male, wie die korrekte Zahl lautet. Die Glaubwürdigkeit der Genialität Ihres Hundes hängt von der Unauffälligkeit Ihre Signale ab. Ihr Hund bellt auf Kommando und bellt solange, bis er ein anderes Kommando erhält. Allerdings sind für die Rechenaufgaben Sie zuständig!

1 Zunächst muss Ihr Hund lernen, mehrmals hintereinander zu bellen. Geben Sie Ihrem Hund das Sichtzeichen für Gib Laut (Seite 30) und zwar solange, bis er zwei Mal gebellt hat. Halten Sie Blickkontakt zu Ihrem Hund, während er bellt, und belohnen Sie ihn nach dem zweiten Belllaut.

Hörzeichen
Gib Laut, Stop
Sichtzeichen

2 Jetzt muss Ihr Hund das Signal für Bellen einstellen lernen. Dieses Sichtzeichen wird schließlich das unauffällige Abwenden Ihres Blicks sein. Nehmen Sie nach dem zweiten Belllaut Ihre Hand herunter, neigen den Kopf, wenden Ihre Augen ab und sagen „Stopp". Belohnen Sie Ihren Hund schnell, wenn er zu bellen aufgehört hat.

3 Steigern Sie die Anzahl der Belllaute und reduzieren Sie die Orientierung Ihres Hundes an Ihrem Sichtzeichen. Sie sollten das Zeichen für Gib Laut einmal geben und Ihren Hund solange bellen lassen können, bis Sie Ihren Kopf senken und den Blickkontakt abbrechen.

4 Alles Weitere liegt bei Ihnen! Sie können Ihren Hund eine Divisionsaufgabe lösen lassen oder Sie können ihn für „Ja" ein Mal und für „Nein" zwei Mal bellen lassen. Er kann Ihnen sein Alter sagen (oder Ihr Alter, sofern Ihr Publikum soviel Geduld hat!)

Das können Sie erwarten: Hunde sind erstaunlich gut darin, Ihre Körpersprache zu lesen. Machen Sie sich Ihre Bewegungen bewusst und seien Sie konsequent im Umgang mit Ihren Zeichen. Wenn Sie diesen Trick vor einem Publikum aufführen, seien Sie sich darüber klar, dass Hunde in unbekannten Situationen eventuell unsicher sind, ob sie bellen sollen.

1 Geben Sie Ihrem Hund das Sichtzeichen für Gib Laut und belohnen Sie ihn nach dem zweiten Belllaut.

2 Nehmen Sie Ihre Hand herunter, neigen Ihren Kopf und wenden Ihren Blick ab und sagen „Stopp".

Belohnen Sie Ihren Hund, wenn er zu bellen aufgehört hat.

4 Stellen Sie Ihrem Hund eine Rechenaufgabe und lassen Sie ihn die Antwort bellen!

Gegenstände am Namen unterscheiden

Hilfe, es klappt nicht

Mein Hund ist so aufgeregt, dass er den nächstbesten Gegenstand schnappt. Halten Sie Ihren Hund etwa zehn Sekunden lang fest, bis Ihre Worte zu ihm vorgedrungen sind. Wiederholen Sie den Namen des Gegenstandes mehrmals und lassen Sie ihn den Gegenstand von weitem anvisieren.

Aufbauübungen Rico, ein Border Collie aus Deutschland, kann über 200 Gegenstände am Namen unterscheiden!

Tipp Sagen Sie Ihrem Hund häufig die Namen der Gegenstände. Er kann Hunderte von Wörtern lernen!

„Dummy, Tennisball, Snackball, Würfel, Ente, Stock, Tröte, pinkes Klingeling, Frisbee, Hantel, Knöchlein, Quietschi … ich habe jede Menge Spielzeug!"

Lernziel

Ihr Hund kann lernen, Dutzende von Gegenständen am Namen zu unterscheiden. Legen Sie sie alle auf den Boden und fordern Sie Ihren Hund auf, einen ganz bestimmten Gegenstand anzuzeigen.

1 Beginnen Sie mit einem Spielgegenstand, dessen Name Ihrem Hund bereits vertraut ist, wie einem Dummy oder Tennisball. Legen Sie ihn an einem freien Platz neben zwei anderen nicht attraktiven Gegenständen wie einem Hammer und einer Haarbürste aus.

Hörzeichen

Such (Name des Gegenstands)

2 Zeigen Sie auf die Gegenstände und fordern Sie Ihren Hund auf mit „Such (Gegenstand)". Loben Sie ihn in dem Moment, in dem er den richtigen Gegenstand ergreift. Benutzen Sie das Kommando **Hol's** (Seite 24), damit er ihn zu Ihnen bringt. Belohnen Sie ihn mit einem Leckerchen anstatt eines Spiels mit dem Spielzeug, da er sonst aus einem Haufen von Gegenständen nur Spielzeuge heraussuchen würde.

3 Legen Sie ein zweites Spielzeug dazu, dessen Name Ihr Hund kennt. Lassen Sie ihn abwechselnd das eine oder andere suchen. Wählt er das falsche Spielzeug aus, schimpfen Sie nicht mit ihm, sondern geben Sie ihm keine Bestätigung dafür. Geben Sie ihm weiterhin das Kommando „Such (Gegenstand)".

Das können Sie erwarten: Dieses lustige Spiel bringt Ihren Hund richtig zum Nachdenken. Üben Sie mit verschiedenen Spielzeugen und an verschiedenen Orten. Hunde lernen auf dieselbe Art und Weise wie wir – nämlich durch Wiederholung – also schön fleißig üben!

2 Fordern Sie Ihren Hund auf, einen Gegenstand mit Namen zu suchen. Legen Sie einen bekannten Gegenstand zwischen zwei unattraktive Gegenstände.

Belohnen Sie Ihren Hund mit einem Leckerchen, wenn er den richtigen Gegenstand bringt.

3 Legen Sie einen zweiten bekannten Gegenstand dazu. Fordern Sie Ihren Hund auf, Ihnen abwechselnd einen der beiden vertrauten Gegenstände zu bringen.

Apport mit Einweisen

Hilfe, es klappt nicht

Mein Hund apportiert den Gegenstand, der links vom angezeigten Gegenstand liegt. Manche Hunde scheuen vor Ihrer Hand zurück und schauen daher nach links. Schieben Sie Ihre Hand durch das Halsband, wenn Sie die Markierung anzeigen.

Aufbauübungen Schicken Sie Ihren Hund über eine lange Distanz auf einen blinden Apport. Kommt er vom Kurs ab, pfeifen Sie (um anzuzeigen, dass er zu Ihnen schauen und absitzen soll) und heben Sie Ihren rechten oder linken Arm, um eine Richtungsänderung anzuzeigen.

Tipp Verbringen Sie täglich mindestens zwanzig Minuten mit dem Training Ihres Hundes.

Lernziel

Ihr richtungweisendes Handzeichen zeigt Ihrem Hund die Richtung zum Auffinden eines Gegenstandes an. Apport mit Einweisen ist fortgeschrittenes Dummy-Training, z. B. wenn die Dummies in Form eines Wagenrades ausgelegt werden.

1 Stellen Sie drei Teller ungefähr 4,5 Meter entfernt von Ihnen in einem Halbkreis auf. Auf einem der Teller liegt ein kleines Leckerchen. Ihr Hund sitzt links von Ihnen und Ihre Fußspitzen weisen in Richtung des Tellers mit dem Leckerchen. Zeigen Sie Ihrem Hund die gewünschte Richtung an – beugen Sie leicht Ihre Knie, öffnen Sie die Hand und bewegen Sie die Hand von hinten direkt in Richtung des Tellers und entlang dem Kopf Ihres Hundes, während Sie das Kommando „Markieren" geben. Stellen Sie keinen Blickkontakt zu Ihrem Hund her, da Sie möchten, dass er geradeaus zum Teller sieht und nicht zu Ihnen. Beobachten Sie seinen Kopf und in dem Moment, in dem er in die richtige Richtung schaut, schicken Sie ihn los mit „Apport!" Das ist eine selbstkorrigierende Trainingsmethode, da Ihr Hund nur dann das Leckerchen bekommt, wenn er zum richtigen Teller geht. Weicht er in eine falsche Richtung ab, lassen Sie ihn die Übung nicht beenden, sondern rufen Sie ihn wieder zu sich. Macht Ihr Hund denselben Fehler zwei Mal hintereinander, gehen Sie ein paar Schritte näher an den richtigen Teller heran.

Hörzeichen

Markieren
Apport!

Sichtzeichen

2 Sobald Ihr Hund Ihre Markierung erkennt, ersetzen Sie die Teller durch drei identische Gegenstände wie weiße Handschuhe oder Dummies. Diesmal wird Ihr Hund aufgefordert, den Gegenstand zu **bringen** (Seite 24). Denken Sie daran, dass Ihre Fußspitzen in die richtige Richtung weisen und schicken Sie Ihren Hund erst dann los, wenn sein Blick korrekt ausgerichtet ist.

3 Versuchen Sie es mit einer radförmigen Anordnung von vier Dummies – werfen Sie nach einem erfolgreichen Apport das Dummy auf seinen Platz zurück und geben Sie eine andere Richtung für den nächsten Apport an. Probieren Sie diese Anordnung mit acht oder sechzehn Dummies aus oder sogar mit einer gestaffelten Anordnung, in der die Dummies in unterschiedlichen Distanzen ausgelegt sind. Am schwierigsten ist ein blinder Apport, bei dem die Dummies in hohem Gras oder hinter einem Busch versteckt sind.

Das können Sie erwarten: Retrievern fällt es im allgemeinen leichter, sich die Markierung zu merken während es für Herdenschutzhund- und Gesellschaftshunderassen schwieriger sein kann. Die Krux an dieser Übung ist die Fähigkeit Ihres Hundes, in gerader Linie in eine bestimmte Richtung loszulaufen. Beherrscht Ihr Hund diese Fähigkeit, kann man sie vielfältig einsetzen.

„Mein absolutes Oberlieblingsspielzeug ist mein Dummy."

1 Zeigen Sie Ihrem Hund mit Ihrer flachen Hand eine „Markierung".

Belohnen Sie Ihren Hund, wenn er das Leckerchen auf dem Teller findet.

2 Ersetzen Sie die Teller durch Apportiergegenstände.

Lassen Sie Ihren Hund den Gegenstand bringen.

Springen auf Anweisung

Lernziel

Springen auf Anweisung ist eine anspruchsvolle Übung. Ihr Hund sitzt vor zwei Hürden und springt über die durch Ihr Handzeichen angezeigte Hürde.

1 Ihr Hund sitzt im **Bleib** (Seite 18) direkt vor einer der beiden nebeneinander aufgestellten Hürden. Sie selbst stehen auf der anderen Seite der Hürde und geben Ihrem Hund das Kommando **Drüber** (Seite 147). Wiederholen Sie diese Übung an der anderen Hürde.

2 Machen Sie es für Ihren Hund, der weiterhin direkt vor einer der beiden Hürden sitzt, schwieriger, indem Sie mitten zwischen den beiden Hürden stehen. Geben Sie Ihrem Hund ein Zeichen, indem Sie den der Hürde am nächsten liegenden Arm anheben. Anfangs müssen Sie vielleicht mit dem Arm wedeln oder eine Gürteltasche für Leckerchen in der Hand schwenken, um die Aufmerksamkeit Ihres Hundes in die richtige Richtung zu lenken.

3 Arbeiten Sie sich langsam zur Mitte vor, bis sowohl Sie als auch Ihr Hund sich in der Mitte zwischen beiden Hürden gegenüber stehen. Setzen Sie Hör- und Sichtzeichen ein, um den gewünschten Sprung anzuzeigen.

Das können Sie erwarten: Obwohl dieser Trick nicht schwer beizubringen erscheint, können viele Schwierigkeiten dabei auftreten. Dieser Trick ist hervorragend geeignet, Aufmerksamkeit bei Ihrem Hund aufzubauen.

Hörzeichen
Drüber
Sichtzeichen

Voraussetzungen
Bleib (Seite 18)
Über eine Stange springen (Seite 108)

Hilfe, es klappt nicht

Mein Hund geht um die Hürde herum. Versucht Ihr Hund, um die Hürde herumzugehen, halten Sie ihn an, bevor er bis zu Ihnen kommt und bringen Sie ihn zu seiner Ausgangsstelle zurück. Stellen Sie sich etwas näher an die gewünschte Hürde, bis Ihr Hund erfolgreich ist.

Aufbauübungen Beginnen Sie mit
Ihrem Hund neben sich, schicken Sie ihn zu einem **Ziel** (Seite 145) hinter den Hürden und weisen Sie ihn an, auf seinem Rückweg zu Ihnen zu springen.

Tipp Ein ranker, schlanker Hund ist
ein gesünderer Hund – sagen Sie „nein" zu zu viel Futter und „ja" zu mehr Bewegung.

1 Platzieren Sie Ihren Hund direkt vor einer der Hürden.

2 Stellen Sie sich zwischen die beiden Hürden.

3 In der endgültigen Ausgangsposition befinden Sie und Ihr Hund sich mitten zwischen den beiden Hürden.

Eine Karte aus einem Stapel ziehen

Lernziel
Ihr Hund lernt, eine einzelne Spielkarte aus einem aufgefächerten Kartenstapel zu ziehen.

1 Halten Sie Ihrem Hund eine einzelne Spielkarte hin und geben Sie ihm das Kommando „**Nimm's**" (Seite 25). Halten Sie die Karte fest in Ihrer Hand, ohne Sie in Richtung seines Mauls zu schieben, da die Kanten recht scharf sein können.

Hörzeichen
Nimm's

2 Halten Sie nun drei Spielkarten breit aufgefächert, während Sie Ihren Hund auffordern, eine davon zu nehmen. Belohnen Sie ihn für jede Karte, die er nimmt.

3 Wenn Sie soweit sind, dass Sie eine vierte Karte hinzunehmen können, lassen Sie eine Karte über die anderen hervorstehen, sodass Ihr Hund sie leichter nehmen kann. Mit zunehmendem Fortschritt Ihres Hundes stecken Sie sie immer weiter zurück in die anderen Karten, bis kein Unterschied zwischen den Karten mehr zu erkennen ist. Zieht Ihr Hund mehr als eine Karte gleichzeitig, bringen Sie ihn mit dem Kommando „langsam" dazu, vorsichtig beim Kartenziehen zu sein. Zieht er zwei Karten gleichzeitig, sagen Sie „Huch!" und versuchen es erneut, ohne ihn zu belohnen.

4 Sind Sie bereit für den ganzen Stapel? Fächern Sie die Spielkarten so weit wie möglich auf und lassen Sie einige leicht hervorstehen.

Das können Sie erwarten: Kleine Hunde lernen diesen Trick in der Regel schneller, aber jeder Hund kann innerhalb einer Woche eine Karte ziehen. Perfektionieren Sie sein Können, bis er wie ein Profi Karten zieht.

2 Halten Sie drei Karten weit aufgefächert.

3 Lassen Sie eine Karte hervorstehen.

4 Fächern Sie den ganzen Stapel auf und lassen Sie einige Spielkarten hervorstehen.

Voraussetzungen
Nimm's (Seite 24)

Hilfe, es klappt nicht
Mein Hund nimmt die Karte am äußersten Rand auf.
Ihr Hund sollte die Karte fest aufnehmen, damit sie nicht herunterfällt. Leisten Sie etwas Widerstand, wenn er eine Karte zieht, damit er fester zupackt.

Aufbauübungen Mit Hilfe eines sogenannten Stripper Decks, das aus konischen Karten besteht, wird Ihr Hund zum wahren Kartenzauberer. Wird eine Karte gezogen und wieder andersherum in den Stapel gesteckt, ist sie die einzige Karte, die in der Gegenrichtung konisch zuläuft.

Futterverweigerung

Hilfe, es klappt nicht

Mein Hund wendet niemals seinen Blick vom Leckerchen!
Geduld ... irgendwann muss er seinen Blick abwenden! Belohnen Sie auch das kleinste Wegsehen. Das Timing ist entscheidend.

Tipp Hunde haben einen größeren Blickwinkel als wir. Lassen Sie sich nicht zum Narren halten – er kann Ihr Leckerchen immer noch sehen!

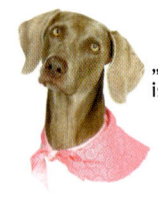

„Wegschauen vom Leckerchen ist echt schwierig!"

Lernziel

Bei diesem Trick dreht Ihr Hund seinen Kopf weg von Futter, das Sie ihm in Ihrer Hand anbieten. Machen Sie diesen Trick richtig witzig, indem Sie erklären „mein Hund isst nur Bio-Würstchen" oder fragen „Was hältst du von meinem Selbstgemachten?"

Hörzeichen
Igitt

1 Halten Sie Ihrem Hund, der Ihnen gegenüber sitzt, ein Leckerchen hin.

2 Ist er an dem Leckerchen interessiert, sagen Sie in einem missbilligenden Ton „Igitt" und ziehen Ihre Hand weg.

3 Wiederholen Sie dies solange, bis Ihr Hund seinen Blick von Ihrer Hand abwendet. Beobachten Sie ihn genau und verstärken Sie diesen Moment mit „Gut!" Geben Sie ihn aus dieser Übung mit dem Wort „OK" frei und geben Sie ihm das Leckerchen.

4 Akzeptieren Sie anfangs ein kurzes Abwenden seiner Augen und verlängern Sie die Dauer des Abwendens. Sobald er das begriffen hat, zeigen Sie ihm durch Ihr Freigabewort, dass er jetzt das Leckerchen aus Ihrer Hand nehmen kann. „Mein Fehler, es ist tatsächlich ein Bio-Würstchen!"

Das können Sie erwarten: Die meisten Hunde können diesen Trick innerhalb weniger Wochen lernen. Hunde mogeln gerne, daher müssen Sie konsequent auf einer sauberen Ausführung bestehen. Sie können Ihre Hand auch auf seine rechte Seite halten und Ihren Hund auffordern, seine Kopfhaltung zu ändern, um in die andere Richtung vom Leckerchen wegzusehen.

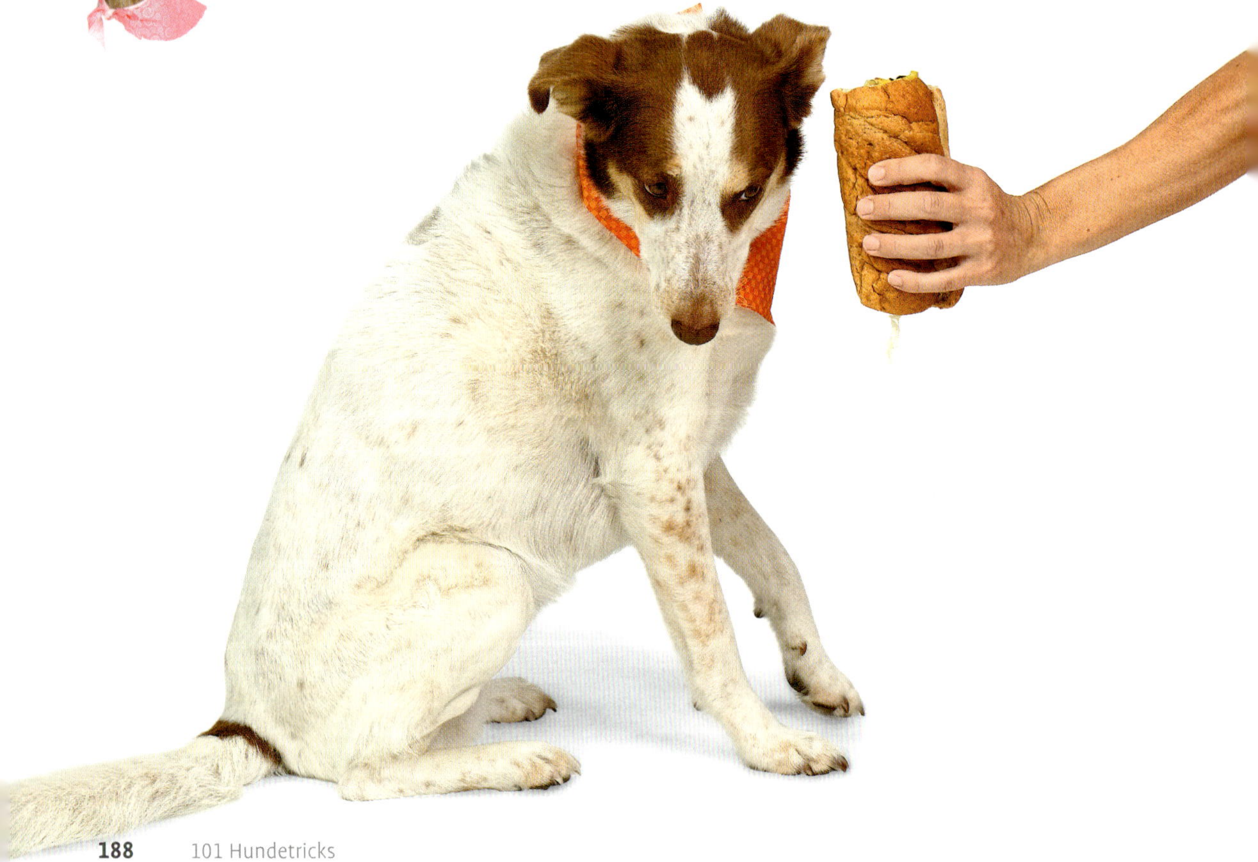

1 Halten Sie Ihrem Hund ein Leckerchen hin.

2 Zeigt er Interesse, ziehen Sie Ihre Hand weg.

3 Passen Sie genau den Moment ab, indem Ihr Hund wegsieht.

4 Sagen Sie Ihr Freigabewort, damit Ihr Hund weiß, dass er jetzt das Leckerchen nehmen darf.

Den Gegenstand mit meinem Geruch finden

Hilfe, es klappt nicht

Mein Hund hat ganz plötzlich Schwierigkeiten.
Benutzen Sie eine andere Seife, Handlotion oder ein anderes Waschmittel? Hat sich in Ihrer Ernährung etwas geändert, das Ihren Geruch beeinflusst? Hat jemand neben Ihren Gegenständen geraucht? Haben Sie Ihre Teppiche gereinigt? Haben Sie Besuch? Änderungen im Geruch können Ihren Hund kurzzeitig verwirren.

Aufbauübungen Auf diese Übung können Sie mit **Der Fährte eines Menschen folgen** (Seite 194) aufbauen.

Lernziel

Ihr Hund soll lernen, Gegenstände aus anderen herauszuschnüffeln und zu bringen, die Sie vorher berührt haben, z. B. Metallhanteln, Holzdübel, Topfdeckel aus Metall oder sauberes Besteck.

1 Bei dieser Übung ist es entscheidend, dass den verwendeten Gegenständen Ihr Geruch nicht anhaftet. Lüften Sie sie mehrere Tage lang zwischen mehreren Einsätzen. Fassen Sie sie nur mit einer Zange an. Kennzeichnen Sie sie mit Nummern, damit Sie wissen, welcher der mit Ihrem Geruch behaftete Gegenstand ist!

Hörzeichen

Finde meins

2 Binden Sie an einem Lochbrett oder einer Matte, in die Sie Löcher gestanzt haben, zwei von drei der identischen Gegenstände fest. Präparieren Sie den dritten Gegenstand, indem Sie ihn zehn Sekunden lang in Ihrer Hand reiben und auch etwas mit der Art Leckerchen einreiben, das Sie immer verwenden. Legen Sie den mit Ihrem Geruch präparierten Gegenstand zu den anderen beiden und fordern Sie Ihren Hund auf, ihn zu **bringen** (Seite 24). Gehen Sie bei der Nasenarbeit behutsam vor. Sagen Sie nicht „Nein", sondern lassen Sie stattdessen Ihren Hund selbstständig austüfteln, dass nur ein Gegenstand apportiert werden kann und nicht festgebunden ist. Loben Sie ihn, sobald er den richtigen Gegenstand ins Maul nimmt und belohnen Sie ihn dafür, dass er ihn zu Ihnen bringt.

3 Binden Sie weitere geruchlose Gegenstände an der Matte/dem Lochbrett fest. Hat Ihr Hund Schwierigkeiten, den nicht angebundenen Gegenstand zu finden, ermuntern Sie ihn, weiter zu suchen. Lassen Sie den Geruch des Leckerchens allmählich weg und verwenden Sie nur noch Ihren Geruch für den Gegenstand.

4 Versuchen Sie es jetzt mit allen nicht angebundenen Gegenständen. Nimmt Ihr Hund einen falschen Gegenstand auf, ignorieren Sie es einfach, da er vielleicht von alleine seine Meinung ändert. Bringt er einen falschen Gegenstand zu Ihnen zurück, fordern Sie ihn in ermutigendem Tonfall auf, weiter zu suchen. Akzeptieren Sie den falschen Gegenstand nicht.

Das können Sie erwarten: Nasenarbeit ist mit am schwierigsten zu trainieren und Hunde können auf diesem Gebiet besonders empfindlich für Kritik sein. Hat Ihr Hund das Gefühl, dass er für das Aussuchen eines falschen Gegenstandes Vorwürfe erhält, kommen ihm Zweifel, ob er Ihre Wünsche auch richtig versteht und wendet eine Vermeidungstechnik an, um diese Übung nicht machen zu müssen.

„Was ich nicht riechen kann:
Parfüm, Zigaretten und Ananas."

1 Den Gegenständen sollte nicht Ihr Geruch anhaften. Kennzeichnen Sie sie zur besseren Erkennung.

2 Binden Sie zwei von drei Gegenständen fest. Präparieren Sie den dritten Gegenstand mit Ihrem Geruch und legen Sie ihn neben die anderen.

Ihr Hund kann die geruchlosen Gegenstände nicht apportieren.

Loben Sie Ihren Hund, wenn er den Gegenstand mit Ihrem Geruch aufnimmt.

3 Binden Sie weitere geruchlose Gegenstände an der Matte/dem Lochbrett fest.

4 Lassen Sie alle Gegenstände lose herumliegen.

Akzeptieren Sie keinen falschen Gegenstand von Ihrem Hund.

Ermuntern Sie Ihren Hund und er wird bald zuverlässig Ihren Gegenstand aufspüren!

Dem Schmuggel auf der Spur

Voraussetzungen

Ostereiersuche (Seite 98)

Hilfe, es klappt nicht

Welche Teesorte soll ich benutzen?
Die meisten Hunde sind verrückt
nach Minztee!

**Kann mein Hund den Teebeutel
in einer Jackentasche aufspüren?**
Ja, das ist aber schwieriger, weil der
Geruch auf einen kleineren Bereich
beschränkt ist. Je länger sich der Teebeutel
jedoch in der Tasche befindet,
umso einfacher wird sein Geruch
aufzuspüren sein.

Aufbauübungen Da Ihr Hund nun
mit Nasenarbeit vertraut ist, probieren
Sie auch **Den Gegenstand mit meinem
Geruch finden** aus (Seite 190).

Tipp Damit Ihr Hund seine Arbeit
zuversichtlich und freudig ausführt,
muss er eine klare Vorstellung Ihrer
Erwartungen haben.

Lernziel

Ähnlich einem Rauschgift-Spürhund wird Ihr Schnüffler Schmuggelware
aufspüren. Sie brauchen drei Freiwillige. Einer davon bekommt einen
Teebeutel. Ihr Hund sucht nach dem „geschmuggelten" Teebeutelgeruch
und zeigt an, wer ihn hat. Trainieren Sie Ihren Hund darauf, den Fund mit
einem Signal anzuzeigen, z. B. Absitzen, Abliegen oder den Teebeutel
beschnuppern.

1 Bauen Sie bei dieser Übung auf dem bereits vor-
handenen Wissen Ihres Hundes über **Versteckte
Leckerchen suchen** (Seite 98) auf, indem Sie ihn
einen Teebeutel aufspüren lassen. Halten Sie den
Teebeutel an die Nase Ihres Hundes und verwenden Sie das Wort „Riechen", um anzuzeigen,
dass Ihr Hund nach diesem Geruch suchen soll.

Hörzeichen
Riechen
Such
Sichtzeichen

2 Verstecken Sie den Teebeutel an einer gut
einsehbaren Stelle und legen ein Leckerchen
obenauf. Fordern Sie Ihren Hund auf, den
Teebeutel zu „Suchen" und lassen Sie ihn das
Leckerchen fressen, wenn er erfolgreich ist.

3 Reiben Sie nach mehreren Wiederholungen das Leckerchen am Teebeutel
und verstecken nur noch den Teebeutel. Ermuntern Sie Ihren Hund bei
seiner Suche und zeigen und laufen neben ihm her. Er wird wahrscheinlich
nahe an den Teebeutel herankommen, aber nicht wissen, was er dann tun
muss. Legen Sie jetzt ein Leckerchen auf den Teebeutel und loben Sie ihn,
wenn er es aufnimmt. Diese Übergangsphase wird etwas verwirrend sein,
während Ihr Hund lernt, dass er nach dem Teebeutel sucht und nicht nach
dem Leckerchen. Schließlich verstecken Sie nur noch den Teebeutel und
wenn Ihr Hund ihn findet, können Sie ihm ein Leckerchen zuwerfen.

4 Hat Ihr Hund einmal begriffen, den Teebeutel in Verstecken aufzuspüren,
probieren Sie aus, den Teebeutel auf das Knie eines Helfers zu legen, der
auf dem Boden sitzt.

5 Jetzt wird's ernst: Drei Leute sitzen auf Stühlen, bei einer
Person ist der Teebeutel versteckt. Lassen Sie genügend
Spielraum zwischen den Stühlen, damit Ihr Hund die
Leute auch von der Seite absuchen kann. Halten Sie Ihrem
Hund einen zweiten Teebeutel an die Nase und sagen
ihm „Riechen". Schicken Sie ihn mit „Such!" los.
Helfen Sie anfangs Ihrem Hund, indem Sie
ihn zu jeder Person zum Suchen
führen, da er vielleicht denkt, der
Teebeutel ist anderswo im Haus
versteckt. Zeigt er an, dass er
den Teebeutel gefunden hat,
loben und belohnen Sie ihn!

Das können Sie erwarten: Hier
handelt es sich um eine Übung
von hohem Schwierigkeitsgrad,
die nicht nur Intelligenz und eine
gute Nase erfordert, sondern auch
Disziplin und Fleiß. Ein Hund mit
schneller Auffassungsgabe kann
dieses Kunststück innerhalb von
vier Wochen beherrschen.

1 Halten Sie Ihrem Hund einen Teebeutel an die Nase, während Sie „Riechen" sagen.

2 Legen Sie ein Leckerchen oben auf den Teebeutel und lassen Sie Ihren Hund ihn „suchen".

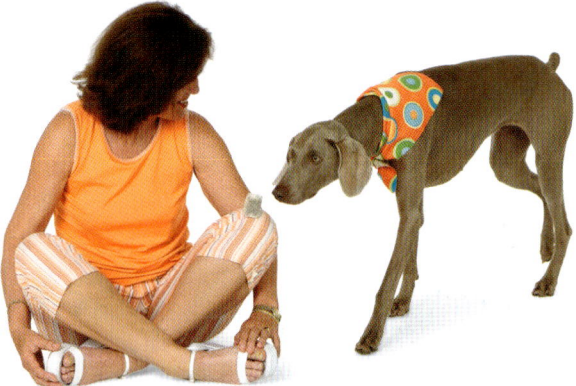

3 Reiben Sie ein Leckerchem am Teebeutel und belohnen Sie Ihren Hund, wenn er ihn findet.

4 Legen Sie den Teebeutel auf das Knie eines Helfers.

5 Lassen Sie Ihren Hund mehrere Leute auf der Suche nach dem „geschmuggelten" Teebeutel absuchen.

Der Fährte eines Menschen folgen

Voraussetzungen
Platz (Seite 16)
Hilfreich: Ostereiersuche (Seite 98)

Hilfe, es klappt nicht

Mein Hund bleibt dicht bei meinen Beinen anstatt voranzugehen.
Sagen Sie nichts und schauen Sie auf die Fährte. Je mehr Sie zu Ihrem Hund sagen, desto mehr wird er auf Ihre Anweisungen warten.

Ich bin wegen des kalten Wetters dick eingemummt – hinterlasse ich eigentlich genügend Geruch?
Ja, Ihr Geruch dringt durch die Kleidung hindurch. Ihr Hund kann auch den Geruch der unter Ihrem Fuß zerdrückten Grashalme wahrnehmen.

Aufbauübungen Erfahrene Fährtensucher können auch kalte Fährten mit verschiedenen Winkeln und über unterschiedliches Gelände hinweg aufspüren.

Tipp Das Schnupperverhalten eines Hundes erfordert kurzes, tiefes Einatmen, damit die Luft über die tief in der Schnauze des Hundes liegenden Geruchsrezeptoren strömt.

„Einen Menschen aufspüren? Ich dachte, ich sollte Würstchen aufspüren!"

Lernziel
Ihr Hund hat eine außergewöhnlich gute Nase und kann die Spur von Ihnen oder jemand anders verfolgen.

Hörzeichen
Riechen
Fährte

1 Legen Sie eine Spur in feuchtem Gras, wo der Geruch am leichtesten aufzuspüren ist. Schlurfen Sie zu Beginn Ihrer Spur mit den Füßen hin und her, um einen Abgang zu schaffen und schlurfen Sie im Weitergehen, während Sie ungefähr 50 Meter in gerader Linie gehen. Lassen Sie in kurzen Abständen wohlriechende Leckerchen wie Wurststückchen auf der Spur fallen und verwenden Sie kleine Kegel oder Fahnen, damit Sie sich die Spur merken können. Lassen Sie einen Gegenstand mit Ihrem Geruch, z. B. eine Socke, am Ende der Fährte liegen. Füllen Sie die Socke mit ein paar Leckerchen, damit Ihr Hund daran interessiert ist.

2 Legen Sie Ihrem Hund ein Geschirr an und nehmen Sie ihn an eine etwa 4 m lange Leine und führen Sie ihn zum Abgang. Geben Sie ihm das Kommando „Fährte" und lassen Sie ihn das erste Leckerchen auf Ihrer Spur suchen. Im Gegensatz zum Gehorsamstraining führt bei der Fährtenarbeit Ihr Hund – und zeigt Ihnen, wo's langgeht. Laufen Sie langsam und lassen Sie ihn vorwärts ziehen. Tadeln Sie ihn nicht, wenn er von der Fährte abkommt, aber lassen Sie sich von ihm nicht vom Kurs abbringen.

3 Wenn ein Fährtensuchhund einen mit Geruch präparierten Gegenstand findet, ist er darauf trainiert, dies dem Hundeführer durch Abliegen anzuzeigen. Ersparen Sie dies Ihrem Hund und belohnen Sie ihn mit einem Leckerchen aus der Socke.

4 Versuchen Sie allmählich, einen 90°-Winkel in Ihre Spur einzubauen. Achten Sie darauf, dass Ihre Spur den Geruch mindestens einen Tag oder länger hält, arbeiten Sie also mit mehreren Übungsplätzen. Achten Sie auf die Windrichtung. Arbeitet Ihr Hund in Windrichtung auf Ihrer Spur, kann es sein, dass er in der Luft wittert. Gehen Sie zu einer 6 m langen Leine über und zu weiter auseinander gelegten Leckerchen, wenn Ihr Hund selbstständiger wird. Erhöhen Sie den Schwierigkeitsgrad, indem Sie die Fährte kälter (älter) werden lassen, bevor Sie ihr folgen.

Das können Sie erwarten: Es ist häufig schwierig zu beurteilen, ob ein Hund von der Fährte abgekommen ist oder ob er einen Geruch in Windrichtung aufgenommen hat. Vertrauen Sie darauf, dass Ihr Hund weiß, was er tut und übernehmen Sie die Rolle des Trainers anstatt des Lehrers. Hunde mögen Nasenarbeit und können inerhalb kürzester Zeit die Fährte von Würstchen aufspüren.

1 Legen Sie eine 50 Meter lange gerade Fährte. Verwenden Sie Kegel zur Markierung der Spur.

Lassen Sie eine mit Leckerchen gefüllte Socke am Ende der Fährte fallen.

2 Lassen Sie Ihren Hund den Abgang zu Beginn der Fährte beschnuppern.

Lassen Sie Ihren Hund vorangehen, während er nach den auf der Spur liegenden Leckerchen sucht.

3 Wenn Ihr Hund die Socke findet, können Sie ihn abliegen lassen, um den Fund anzuzeigen.

Kapitel 12

Liebst du mich, liebst du meinen Hund

Der Blick in die Augen eines Welpen kann selbst ein Herz aus Stein erweichen und den stärksten Willen brechen – schließlich und endlich lieben wir unsere Hunde. Hundetrainer und Verhaltensforscher mögen es vielleicht nicht verstehen, wenn unser pelziger Fußwärmer im Bett schläft oder auf unserem Schoß sitzt und wir ihn auf die Schnauze küssen. Aber Regeln sind dazu da, gebrochen zu werden und wir versprechen hoch und heilig ... wir petzen nicht!

„Quo me amat, amat et canem meam."
Liebst du mich, liebst du meinen Hund. Dieses dem Heiligen Bernhard zugeschriebene lateinische Sprichwort war in nahezu jeder Sprache über die Jahrhunderte hinweg in Gebrauch.

Lassen Sie die enge Beziehung zwischen Ihnen und Ihrem Hund mit den innigen Tricks aus diesem Kapitel hochleben. Diese ausdrucksvollen Gesten machen Ihren Vierbeiner bei vielen Menschen beliebt!

Küsschen

Lernziel

Ihr Hund leckt Ihnen über den Mund oder stupst Sie oder jemand anderen mit der Nase am Mund oder den Wangen.

1 Gehen Sie auf Augenhöhe mit dem Hund. Geben Sie das Hörzeichen, nehmen Sie ein Leckerchen zwischen die Zähne und beugen sich vor. Lassen Sie Ihren Hund das Leckerchen nehmen und loben Sie ihn.

2 Möchten Sie nicht, dass Ihnen der Hund ein Küsschen auf den Mund gibt, streichen Sie etwas Streichkäse auf Ihre Wange, zeigen darauf, während Sie „Küsschen" sagen und lassen ihn den Käse ablecken.

3 Halten Sie ein Leckerchen hinter Ihrem Rücken bereit, zeigen auf Ihre Lippen oder Ihre Wange und geben Ihrem Hund das Kommando „Küsschen!" Leckt er Sie ab oder stupst Sie mit der Nase an, betonen Sie den Moment mit „Gut!" und belohnen ihn mit dem Leckerchen.

4 Probieren Sie diesen Trick nun an jemand anderem aus. Ein Helfer streicht etwas Streichkäse auf seine Wange. Zeigen Sie darauf und geben Sie Ihrem Hund das Kommando. Wenn er die Wange des Helfers ableckt, sagen Sie „Gut!" und belohnen ihn. Treten Sie zurück und schicken Sie Ihren Hund weiter weg, um Küsschen zu geben. Lassen Sie allmählich den Streichkäse weg, Ihr Hund holt sein Leckerchen bei Ihnen ab.

Das können Sie erwarten: Hunde lernen diesen Trick meist innerhalb von einer Woche, obwohl man bei zurückhaltenden Hunden etwas mehr Überredungskunst aufbringen muss.

Hörzeichen
Küsschen
Sichtzeichen

Hilfe, es klappt nicht

Mein Hund beißt mir in die Lippen.
Gehen Sie dieses Problem separat an, indem Sie zu Ihrem Hund „langsam" sagen, während Sie ihn Leckerchen nehmen lassen. Wenn er beißt, sagen Sie „Autsch!" und beenden die Übung.

Mein Hund hat Angst in der Nähe meines Gesichts.
Ihr Hund bringt sich selbst in eine unterwürfige Position, indem er sich Ihrem Mund nähert. Dieser Trick erfordert Vertrauen. Versuchen Sie, das Leckerchen ein paar Zentimeter vor Ihrem Mund zu halten und es dann, wenn Ihr Hund danach greift, näher an Ihr Gesicht zu halten.

Tipp Im Hunderudel leckt ein Hund dem Ranghöheren die Lefzen als Zeichen seiner Unterwürfigkeit.

1 Lassen Sie Ihren Hund ein Leckerchen aus Ihrem Mund nehmen.

2 Streichen Sie Streichkäse auf Ihre Wange.

3 Zeigen Sie auf Ihre Lippen zum Küsschengeben.

Pfoten auf meinen Arm

Lernziel

Wenn Sie nichts mehr auf die Palme bringt als dass Ihr Hund an Ihren Gästen hochspringt, dann bringen Sie ihm mit Pfoten auf meinen Arm bei, Gäste willkommen zu heißen und verschaffen ihm damit ein sicheres und überschaubares Ventil, seine Begeisterung zu zeigen.

1 Sitzen Sie auf dem Boden mit Ihrem Hund zur Linken. Heben Sie Ihren linken Arm vor ihm hoch und locken Sie mit einem Leckerchen in der rechten Hand seinen Kopf nach oben. Ihr Hund wird wahrscheinlich eine oder beide Vorderpfoten auf Ihren Arm legen, um an das Leckerchen zu kommen. Macht er dies nicht, können Sie ihm mit Ihren Händen etwas nachhelfen. Sobald Ihr Hund sich in der richtigen Position befindet, soll heißen, mit seinen Vorderpfoten auf Ihrem Arm, lassen Sie ihn an den Leckerchen in Ihrer Hand knabbern.

Hörzeichen
Pfoten hoch
Sichtzeichen

2 Machen Sie diese Übung im Stehen. Verwenden Sie das Hör- und Sichtzeichen. Sie können das Leckerchen auch im Mund halten, bis Sie es Ihrem Hund geben, damit er dadurch nicht abgelenkt wird (Würstchen oder Käse funktionieren sehr gut).

Das können Sie erwarten: Hunde lernen diesen Trick meist innerhalb weniger Übungseinheiten. Ihre Gäste werden mit Sicherheit dankbar sein!

Hilfe, es klappt nicht

Mein Hund legt nur eine Pfote auf meinen Arm.
Anfangs müssen Sie vielleicht mit Ihrer Hand bei der anderen Pfote etwas nachhelfen.

Mein Hund springt immer noch Leute an!
Das Sichtzeichen ist für Ihren Hund die Aufforderung, an Ihrem Arm hochzuspringen. Setzen Sie klare Regeln – ohne Aufforderung sollte Ihr Hund für's Hochspringen an Menschen verwarnt werden (vorausgesetzt, das ist Ihre Regel).

Aufbauübungen Sobald Sie **Pfoten auf meinen Arm** beherrschen, können Sie auf ähnliche Weise **Beten** (Seite 42) einüben!

Tipp Halten Sie Ihren Arm parallel zum Körper und am Ellbogen angewinkelt und lassen Sie Ihren Hund von außen herankommen, um zu verhindern, dass er Sie umwirft oder dass Sie Ihre Schulter ausrenken.

1 Bringen Sie Ihren Hund dazu, dass er seine Vorderpfoten auf Ihren Arm legt und lassen Sie ihn an einem Leckerchen knabbern.

2 Wiederholen Sie die Übung im Stehen.

Kopf runter

Lernziel

Aus der Position Platz legt Ihr Hund seinen Kopf auf den Boden. Filmhunden ist dieser Trick geläufig. „Oooh, der Hund sieht so traurig aus!"

1 Knien Sie neben Ihren Hund, während er im Platz ist. Halten Sie ihm auf dem Boden ein Leckerchen außerhalb seiner Reichweite hin. Geben Sie das Kommando „Kopf runter", während Sie mit der anderen Hand an den Druckpunkten hinter seinen Ohren vorsichtig seinen Kopf nach unten drücken.

Hörzeichen
Kopf runter
Sichtzeichen

2 Halten Sie ihn ein paar Sekunden lang mit dem Kinn zwischen seinen Pfoten auf dem Boden, loben ihn dann und schieben Ihr Leckerchen zu ihm hin. Lassen Sie ihn das Leckerchen fressen und geben Sie ihn mit „OK" wieder frei, damit er es fressen kann. Wehrt sich Ihr Hund gegen Ihre körperliche Einwirkung, belohnen Sie den Moment, in dem sein Kinn den Boden berührt, damit er nicht gegen Sie ankämpfen muss.

3 Verringern Sie allmählich Ihre Berührung an seinem Kopf, sodass Sie ihn nur kurz antippen anstatt dauerhaft Druck auszuüben. Sobald er seinen Kopf auf den Boden gelegt hat, geben Sie ihm ein paar Sekunden, bevor Sie ihn belohnen, das Kommando „Bleib". Geben Sie ihm Ihre Belohnung immer auf dem Boden, sodass er erst gar nicht auf die Idee kommt, nach oben zu schauen.

Das können Sie erwarten: Die endgültige Stellung sieht so aus, dass Sie in einer gewissen Entfernung zu Ihrem Hund stehen und auf den Boden zeigen, während Sie das Hörzeichen geben. Unterwürfigen Hunden fällt diese Übung leichter als selbstbewussten Hunden. Trainieren Sie ruhig und behutsam und schätzen Sie das Ausmaß von Angst bei Ihrem Hund ab, um seinen persönlichen Sicherheitsbereich nicht zu verletzen.

Hilfe, es klappt nicht

Mein Hund läuft davon, wenn ich diesen Trick üben will.
Körperlich auf Ihren Hund einzuwirken ist eine riskante Sache. Vielleicht denkt er, dass Sie ihn bestrafen, wenn Sie seinen Kopf nach unten drücken. Gehen Sie es langsam und vorsichtig an und üben Sie nur zwei oder drei Mal pro Übungseinheit. Loben Sie ihn überschwänglich!

Aufbauübungen Zeigen Sie mit gestrecktem Finger vom Boden nach oben, um ihm „Kopf rauf" beizubringen.

Tipp Auch alte Hunde möchten Ihnen eine Freude bereiten! Fordern Sie Ihren alten Freund zu etwas auf, was er bewältigen kann und loben Sie ihn überschwänglich!

1 Eine Mischung aus Futtermotivation und Druck mit der Hand bringt den Kopf Ihres Hundes nach unten.

2 Schieben Sie Ihrem Hund das Leckerchen zu, während er in der richtigen Position ist.

3 Verwenden Sie das Sichtzeichen, um die Aufmerksamkeit des Hundes nach unten zu lenken.

Augen zuhalten

Lernziel

Ihr Hund hält sich die Augen zu, indem er die Pfote über seine Schnauze legt.

1 Kleben Sie einen Haftzettel oder ein Stück Klebeband auf den Naserücken Ihres Hundes und geben Sie das Kommando. Einmal über sein Gesicht wischen sollte ausreichen, um das Papier zu entfernen. Loben Sie ihn!

Hörzeichen
Augen zuhalten
Sichtzeichen

2 Während sich Ihr Hund im Platz befindet, kleben Sie Ihrem Hund den Haftzettel mitten auf die Stirn, genau oberhalb seiner Augen. Diesmal ist es schwieriger für ihn, an diese Stelle heranzukommen und schließlich wird er seinen Kopf unter ein Fußgelenk stecken. Perfekt! Seien Sie darauf vorbereitet, ihn genau dann zu bestätigen, wenn er seinen Kopf unter seine Pfote steckt.

3 Üben Sie abwechselnd mit Haftzettel und indem Sie lediglich seinen Kopf an der Stelle berühren, wo Sie sonst den Zettel hinkleben. Geben Sie das Kommando „Bleib", damit Ihr Hund einige Sekunden lang in dieser Stellung bleibt.

4 Versuchen Sie es nun im Sitz. Kleben Sie den Haftzettel auf den Nasenrücken Ihres Hundes und wenn er seine Pfote hebt, um ihn wegzuwischen, belohnen Sie ihn unter seinem Vorderbein hindurch. Während Sie den Einsatz des Haftzettels abbauen, versucht Ihr Hund vielleicht, nur mit Winken davonzukommen, ohne sein Gesicht zu berühren. Gehen Sie in diesem Fall wieder zurück zum Haftzettel. Stehen Sie schließlich auf, während Sie das Kommando geben, damit Ihr Hund seinen Kopf höher hält. Probieren Sie die Übung mit Ihrem Hund in verschiedenen Positionen aus: Sitz, Platz oder Verbeugen.

Das können Sie erwarten: Diese Trainingsmethode ist so natürlich, dass Ihr Hund den Zettel eigentlich sofort wegwischen dürfte. Nach ungefähr einem Monat oder 200 Wiederholungen mit einem Haftzettel dürfte Ihr Hund begriffen haben, wie es mit dem Augenzuhalten funktioniert. Ohne dieses Hilfsmittel könnte es jedoch wesentlich länger dauern.

Hilfe, es klappt nicht

Mein Hund schüttelt seinen Kopf anstatt mit der Pfote nach dem Haftzettel zu greifen.
Verwenden Sie ein stärker haftendes Klebeband, damit Ihr Hund es nicht einfach abschütteln kann. Geben Sie ihm das Kommando **Pfote geben** (Seite 22), damit er versteht, dass er seine Pfote einsetzen soll. Kleben Sie den Haftzettel an unterschiedliche Körperstellen: oberhalb oder unterhalb seiner Augen oder oben auf seinen Kopf.

Mein Hund sitzt einfach nur da mit dem Haftzettel an seiner Schnauze!
Ihr würdevoller Hund muss davon überzeugt werden, diesen Zettel so anzugreifen, als ob ein Käfer auf seiner Nase sitzen würde. Berühren Sie den Zettel, damit er ihn spürt und setzen Sie Ihre Stimme ein, um ihn in Wallung zu bringen.

Tipp Nehmen Sie Ihren Hund auf eine Reise oder einen Botengang mit. Das ist gut für seine Sozialisierung und er wird den Tapetenwechsel genießen.

1 Fordern Sie Ihren Hund auf, den Haftzettel wegzuwischen.

2 Während Ihr Hund im Platz ist, wird er seinen Kopf unter seine Pfote stecken.

3 Berühren Sie nur die Stelle an seinem Kopf, anstatt einen Haftzettel zu verwenden.

4 Üben Sie wieder mit dem Haftzettel, diesmal aber im Sitz.

Stehen Sie auf, damit Ihr Hund seinen Kopf höher hält.

Versuchen Sie, dass Ihr Hund sich die Augen zuhält, während er sich verbeugt.

Zum Abschied winken

Hilfe, es klappt nicht

Wenn ich von meinem Hund weggehe, folgt er mir und versucht, meine Hand zu berühren.
Stellen Sie sich ein paar Meter von Ihrem Hund entfernt hin und strecken Ihre Hand in seiner Richtung aus, während Sie ihm das Kommando geben. Ziehen Sie in letzter Sekunde Ihre Hand zurück, damit er in die Luft pfötelt. Belohnen Sie das!

Mein Hund steht auf.
Bringen Sie ihn ins Sitz zurück, bevor Sie weiterüben. Aus einer sitzenden Position kommt er mit seiner Pfote höher.

Aufbauübung Setzen Sie sich neben Ihren Hund und **winken** Sie gemeinsam **zum Abschied.**

Tipp Manchmal zeigt Ihr Hund ein unerwartetes, aber schlaues Verhalten. Verpassen Sie diese Gelegenheit nicht! Belohnen Sie das Verhalten und versuchen Sie, es erneut hervorzurufen.

Lernziel

Ihr Hund schwenkt seine Pfote hoch in der Luft.

1 Sie stehen Ihrem Hund, der sich im Sitz befindet, gegenüber und lassen ihn **Pfote geben** (Seite 22).

2 Sagen Sie „Pfote, Auf Wiedersehen/Tschüs" und strecken Sie Ihre Hand etwas höher, als Sie es normalerweise beim Händeschütteln tun würden. Ihr Hund wird seine Pfote nicht so hoch halten können, daher wird seine Bewegung so aussehen, als ob er mit seiner Pfote nach Ihrer Hand greift.

3 Ziehen Sie Ihre Hand vorsichtig zurück, sodass er mit seiner Pfote Ihre Finger gerade noch so erreicht.

4 Ziehen Sie Ihre Hand in der letzten Sekunde zurück, sodass er sie überhaupt nicht berührt, sondern nur in die Luft pfötelt. Loben Sie ihn unbedingt, damit er versteht, dass das erwünschte Verhalten aus der winkenden Bewegung besteht und nicht in der tatsächlichen Berührung.

Das können Sie erwarten: Beherrscht Ihr Hund das Pfotegeben, schafft er in wenigen Übungseinheiten das Winken.

Hörzeichen
Auf Wiedersehen/Tschüs

Sichtzeichen

„Tschüs!"

1 Lassen Sie Ihren Hund Pfote geben.

2 Halten Sie Ihre Hand höher als sonst.

3 Wenn Sie die Hand weiter weg halten, kann Ihr Hund Ihre Finger gerade so erreichen.

4 Ziehen Sie in letzter Sekunde Ihre Hand zurück, sodass Ihr Hund in die Luft pfötelt.

Gehen Sie zum Sichtzeichen über.

„Tschüs!"

Tricks nach Schwierigkeitsgrad

Tricks nach Themen

Über die Autoren

Die Weimaranerhündin Chalcy ist der wohl bekannteste Hund in den USA. Sie und ihre Halterin und Trainerin, Kyra Sundance, haben mit ihrer Hundetrickshow ein weltweites Publikum erobert; sie treten auf Messen, beim Zirkus, in Schulen und in der Halbzeit von Sportveranstaltungen auf. Das Publikum ließ sich begeistern durch Fernsehausstrahlungen wie „Ellen DeGeneres Show", „Entertainment Tonight", „Best Damn Sports Show Period" und der „Tonight Show", in der Jay Leno die Hündin Chalcy für den „Klügsten Hund der Welt!" befand. Komplexe Abläufe, witzige Possen und die offensichtliche Zuneigung der beiden zueinander sind eine Inspiration für Tierfreunde.

Zusätzlich zum Tricktraining haben Kyra und Chalcy Jahre damit verbracht, sich in die obersten Reihen in den Hundesportarten Obedience, Agility, Springen, Jagen, Apportieren und Vielseitigkeit hochzuarbeiten.

Kyras Ansatz, beim Hundetricktraining in kleinen Schritten vorzugehen, kam Hunderten von Schülern zugute, die ihre Freude am Hund neu entdeckten. Kyra arbeitet mit positiven Trainingsmethoden, die die Beziehung zwischen Mensch und Hund, Teamarbeit, Belohnung und instinktive hundespezifische Verständigungsmöglichkeiten in den Vordergrund stellen.

Kyra und Chalcy leben mit Kyras Ehemann Randy Banis auf einer Ranch in der Mojavewüste in Kalifornien.

Über den Fotografen

Der in Baltimore, Maryland, geborene Nick Saglimbeni zog 1997 nach Los Angeles, um Kameraführung an der renommierten USC School of Cinema zu studieren. Nachdem er eine Reihe von Werbespots, Musikvideos und Kurzfilmen gedreht hatte, wurde Nick 2003 von der American Society of Cinematographers mit dem Heritage Award ausgezeichnet. Noch im gleichen Jahr, nachdem er unzählige Geschichten von frustrierten Schauspielern und Models gehört hatte, die keine guten Fotografen finden konnten, öffnete Nick SlickforceStudio, ein führendes Fotostudio im Zentrum von Los Angeles. Die Reaktion der Kunden auf den filmischen Charakter von Nicks Arbeiten ließ nicht lange auf sich warten und das Studio erwarb sich schnell internationale Anerkennung. Nicks Arbeiten erschienen in vielen bekannten Zeitschriften und er dreht nach wie vor für die Film- und Fernsehindustrie. Mehr über seine Arbeit unter www.slickforce.com.

Mein Dank gilt Heidi Horn (Produktionsassistentin, Halstuchkoordinatorin, Hundeschmuserin und Kyras Mutter in Personalunion) sowie Claire Doré (Trainingsassistentin, Beraterin und Hundemotivationsexpertin) und natürlich ganz besonders den wunderbaren, begabten und hart arbeitenden Hunden: Dana (Australian Shepherd-Mischling), Kwest und Kwin (Alaskan Malamute), Sutton (gelber Labrador), Gina (Langhaar-Collie), Skippy (Jack Russell-Mischling), Cricket (Chihuahua) und Chalcy (Weimaraner).

In Gedenken

Kurz bevor dieses Buch in Druck ging, kam Dana auf tragische Weise ums Leben, als sie von einem Auto angefahren wurde und sofort verstarb. Dana (unten, ganz rechts) hatte eine angesehene Karriere als Tierschauspielerin mit ihren Film- und Fernseh- sowie Live-Show-Auftritten gemacht. Sie war eine hochintelligente Hündin von freundlichem und sanftem Wesen. Alle, die sie kannten und liebten, werden sie vermissen, ganz besonders ihre Halterin, Claire.

Was kommt als Nächstes?

50 weitere Tricks!

Eigentlich sollte auf dieser Seite das „Schlusswort" stehen. Aber dies ist keineswegs das Ende Ihres Hundetrainings, sondern vielmehr der erste Schritt auf dem Weg zu lebenslangem Lernen. Nun, da Sie ein paar Kunststücke und Ideen sowie eine Anleitung für das Training im Gepäck haben, fängt das Abenteuer erst richtig an!

Beim Durchsehen der Tricks im vorliegenden Buch sind Ihnen vermutlich Ähnlichkeiten bei den Trainingsmethoden aufgefallen – ein Zeichen geben, Ihren Hund in die richtige Position locken, die Belohnung geben, den Einsatz erhöhen. Wenn Sie soweit sind, dass Sie neue Tricks, originelle Tricks, die nur Sie und Ihr Hund kennen, einüben möchten, arbeiten Sie mit den bereits erlernten Methoden, um das Wie und Was auszutüfteln.

Testen Sie Ihre Kreativität, indem Sie einfach die Liste links überfliegen und dabei überlegen, wie Sie diese Tricks einüben würden. Wie würden Sie Ihren Hund dazu bringen, sich die Lefzen zu lecken (Nummer 17 auf der Liste)? Na klar doch, Sie streichen ihm Streichkäse auf die Nase! Pfoten über Kreuz (Nummer 6)? Lassen Sie Ihren Hund Pfote geben, während er im Platz ist. Nehmen Sie allmählich Ihre Hand zur Seite, bis sein „Pfote geben" die andere Pfote überkreuzt. Singen (Nummer 35)? Wann heult Ihr Hund sonst normalerweise? Die meisten Hunde singen bei einer Mundharmonika, wenn Sie den richtigen Ton treffen. Sicherlich haben Sie inzwischen gemerkt, worauf ich hinaus will.

Das Leben unserer Hunde ist viel zu kurz und die Zeit, die wir mit ihnen verbringen, geht schnell vorbei. Machen Sie das Beste daraus!

www.101dogtricks.com